新/农/村/书/屋>畜/禽/养/殖/技/术

特种动物疾病诊治关键技术一点通

古欣　孟志敏　李连缺　米同国　著

河北出版传媒集团
河北科学技术出版社

图书在版编目（CIP）数据

特种动物疾病诊治关键技术一点通 / 黄占欣等著
. -- 石家庄 : 河北科学技术出版社 , 2017.4（2018.7 重印）
ISBN 978-7-5375-8283-4

Ⅰ . ①特… Ⅱ . ①黄… Ⅲ . ①经济动物－动物疾病－诊疗 Ⅳ . ① S858.9

中国版本图书馆 CIP 数据核字 (2017) 第 030936 号

特种动物疾病诊治关键技术一点通
黄占欣　孟志敏　李连缺　米同国　著

出版发行： 河北出版传媒集团　河北科学技术出版社
地　　址： 石家庄市友谊北大街 330 号（邮编：050061）
印　　刷： 天津一宸印刷有限公司
开　　本： 710mm×1000mm　1/16
印　　张： 10.5
字　　数： 135 千字
版　　次： 2017 年 7 月第 1 版
印　　次： 2018 年 7 月第 2 次印刷
定　　价： 32.80 元

如发现印、装质量问题，影响阅读，请与印刷厂联系调换。
厂址：天津市子牙循环经济产业园区八号路 4 号 A 区
电话：（022）28859861　邮编：301605

前言 /Catalogue

随着我国农业产业化结构的调整和人民生活水平的提高，养殖业已不仅限于传统的养牛、羊、鸡、猪，特种动物的养殖也得到了迅速发展。由于特种动物经济价值高，且多集食用、药用、观赏于一体，能满足人们的各种需要，因此市场开发潜力很大。随着特种动物饲养种类和数量与日俱增，其疾病的发生也越来越多，成了危害特种动物养殖发展的重要原因，而有关特种动物疾病的书籍却很少。为了指导人们科学养殖，预防和减少疾病的发生，提高经济效益，我们编写了《特种动物疾病诊治关键技术一点通》一书。

本书是作者根据多年的教学、科研和实践经验编写而成的。书中涉及的特种动物有毛皮动物、鹿、香猪、珍禽、特种水产动物、蛇和特种昆虫等，介绍了这些动物疾病的综合防治关键技术。本书的特点在于重点突出每一种疾病诊断和防治的关键技术，将其置于每一疾病的前面单独列出，简明扼要，通俗易懂，科学性、实用性较强，让基层畜牧兽医工作者和广大养殖人员翻阅本书时，能“一目了然”，从而达到快速控制或消灭疾病的目的。本书特别适合广大从事特种养殖的人员、畜牧兽医技术推广的人员使用。

在本书的编写过程中，笔者参阅了国内外权威的期刊文献、工具书、教材等，并结合特种养殖专家的建议和许多特种养殖专业户在实际工作中遇到的问题，这使得本书既具有很强的科学性又具有很强的实用性，为基层畜牧兽医工作者和广大特种养殖人员提供了可靠的疾病诊治思路。

由于编者水平所限，时间仓促，疏漏和错误之处在所难免，敬请广大读者批评指正。

编　者

2015年10月

目 录/Catalogue

五、珍禽疾病……69

六、特种水产动物疾病……100

一、特种动物疾病综合防治关键技术

特种动物疾病的发生

特种动物疾病的发生一般由两大类因素引起，一类是生物因素，而且具有传染性；另一类是非生物因素，其没有传染性。

1.生物因素 包括病毒、细菌、真菌、霉形体和寄生虫等。由这些因素所引起的疾病属传染性疾病。各种特种动物由于其生态行为习性和生理活动等生物学特性不同，因而在传染性疾病的发生发展规律上也有明显的差异。

水貂对多数病原微生物的易感性很强，对动物传染病的感染谱极为广泛，另外，水貂是季节性繁殖动物，发情、配种、产子和育成都很集中，加上又集中在当年年底屠杀取皮，又在此期间引进或串换种貂，所以，在六七月断奶分窝以后至12月末期间，貂患病十分集中。

鹿对传染病的感染有其本身的特点，如公鹿在配种期，性兴奋和冲动特别强烈，争偶非常激烈，导致肢体各部特别是蹄部容易发生损伤，配种期间公鹿食欲降低，精力过度消耗，体质日益衰退，抵抗力迅速下降，而且这期间雨量过多，气温和相对湿度均高，圈舍和运动场常常污泥很多，坏死杆菌大量繁殖，所以，在配种后期公鹿群中易出现坏死杆菌病的流行。梅花鹿、马鹿、水鹿和麝对坏死杆菌都十分易感，在鹿群中常呈地方流行性形式出现。

貉、狐有合群性与季节性繁殖的特点，因此，容易引起个体到群体的发病，造成大批流行，有全群发病死亡的可能；珍禽的传染源多数来自家畜、家禽、鸟类和人等，因此，珍禽的饲养一定要和这些动物分开，并禁止与这些动物及污染物品的接触。

2.非生物因素 非生物因素引起的疾病又称普通病，主要包括呼吸系统疾病（如感冒、肺炎等）、消化系统疾病（如胃肠炎、下痢等）、心血管系统疾病（如心肌炎等）、泌尿生殖系统疾病（如乳腺炎、子宫内膜炎等）、维生素缺乏症、中毒及其他疾病。引起普通病的原因主要有机械损伤、中毒、营养不良、代谢紊乱等。

特种动物疾病预防的关键技术

（一）加强饲养管理，搞好卫生消毒工作

从建场时的场址选择到笼舍、饲料加工调剂、饮水及环境管理等，都应加强兽医卫生管理和监督。保证饲料、饮水新鲜、干净、无污染并充足，饲料一定要营养全面，特种动物饲养用具按时进行清洗消毒，特种动物居住环境要干净舒适。

（二）检疫

检疫是指采取各种诊断方法，对特种动物及其产品进行疫病检查，揭示动物群的疫情，检测动物免疫状态，以求采取相应措施达到防止疫病发生与传播目的的重要步骤。检疫分产地检疫（集市检疫、收购检疫）、运输检疫和口岸检疫等，应特别重视的是在特种动物饲养中的引种和串换种时，一定要做好检疫。在检疫过程中，尤其要严格执行兽医法规，上报疫情，严肃处理，否则后患无穷。

（三）定期预防接种、药物预防和驱虫

预防接种是采用菌苗、疫苗、类毒素等生物制剂，通过静脉、皮下、肌肉、口服或气雾等途径给特种动物接种，接种后的动物可获得数月至一年的免疫力。各饲养场根据本场往年的发病情况及周围疫情，制定本年度的防疫计划。一些危害较大的传染病如水貂犬瘟热、病毒性肠炎、狐犬瘟热、脑炎等都应该年年免疫。此外，还要做好临时性预防接种，如调进调出动物时，为避免运输途中或到达目的地后暴发流行某些传染病，可采取免疫预防。

药物预防也是预防和控制疫病的有效措施之一，如使用一些高效的抗

菌药物可以有效地预防巴氏杆菌病、大肠杆菌病等细菌性传染病。许多国家已通过药物饲料添加剂或其他化学与生物物质添加剂来预防某些特定传染病和寄生虫病的发生与流行，而且还可获得增重和增产的效果。目前常用的药物添加剂有：杆菌肽、金霉素、红霉素、林可霉素、新霉素、新生霉素、制霉菌素、竹桃霉素、土霉素、青霉素、泰乐霉素和黄霉素、胺苯亚胂酸、卡巴胂和龙胆紫等。在使用药物添加剂作动物群体预防时，应严格掌握药物剂量、使用时间和方法，特别是肉用特种动物应在宰前至少停用一周，并加强药物在动物体内残留量的监测。

对于寄生虫病，一定进行定期预防性驱虫，一般在春秋各进行一次驱虫。

（四）定期杀虫、灭鼠

用火焰、沸水或热蒸气等直接的方法消灭外界昆虫，也可使用捕捉等机械方法或杀虫剂杀灭动物体表寄生虫和外界昆虫，动物饲养舍要安纱门、纱窗。饲养舍和饲料仓库的建筑要牢固，防止鼠进入。动物粪便进行堆积发酵，杀死病原体。及时清除患病动物。深埋或焚烧已死动物，不能让猫、狗等肉食动物拖吃。

饲养场发生疫情时的应急措施

（一）隔离与封锁

隔离：当动物群发生疫病时，将患病动物、可疑动物和假定健康动物分别进行隔离饲养，以便消除传染源，切断传播途径。

封锁：当暴发某些传染病时，除严格隔离患病动物外，还应划区封锁，应采取“早、快、严、小”的原则，即早发现、快行动、严封锁、小范围。然后针对传染源、传播途径和易感动物三个环节采取相应的措施：在封锁区设立醒目标志，严禁易感动物出入，对必须进出的非易感动物、人及车辆进行严格消毒；封锁区和受威胁区的动物进行紧急接种、治疗或捕杀处理；彻底消毒污染的饲料、场地、圈舍、用具及粪便等；病死的尸体应深埋、焚烧；在最后1头（只）患病动物痊愈、急宰和捕杀后，经过一定封锁期，再无疫病发生时，经全面的终末消毒后解除封锁。

（二）消毒

养殖场发生疫情后，应立即对厩舍、地面、饲饮用具、加工器具、笼箱等进行全面彻底的紧急消毒，并反复多次进行，在疫区解除封锁前再进行一次全面彻底的终末消毒。

（三）紧急接种

养殖场发生疫情后，对疫区、受威胁区的未发病动物，用免疫血清或疫苗进行免疫接种。用免疫血清进行紧急接种，接种1～2周后再注射疫苗。

（四）治疗

养殖场发生疫情后，应采取适当的治疗方法。一般情况下，一些细菌性疾病、寄生虫病可通过有效的药物治愈。病毒性疾病无特效药，发病时用药主要是防止患病动物的继发感染。是否对患病动物进行药物治疗还要取决于其经济价值，若经济价值不大，则无治疗价值。

特种动物疾病诊断的关键技术

（一）流行病学调查

调查的内容包括何时发病、地点、发病季节、蔓延区域等，发病动物的种类、数量、年龄、性别、感染率、发病率、死亡率等，养殖场的发病史、周围养殖场的疫情、引种地区的流行病学情况、平时的预防接种情况、药物预防情况、定期驱虫情况、饲养管理卫生状况及与其他环境、动物的关系。

（二）临床和剖检

首先对全群动物进行仔细的观察，包括对外界的反应、吃食、饮水和步态等情况，对患病动物要注意观察它的外貌、体表、营养状况及粪便等情况，并做好记录。然后解剖患病或已死动物，查找病变，并注意无菌采取病料，以备实验室诊断应用。对活体的解剖应放血致死并观察血液的颜色、黏稠度。内脏器官和组织的病变及病变特征的观察主要有颜色、形状、纹理、淤血、出血、溃疡、坏死、脓肿、肿大、菌斑、渗出性变化、尿酸盐、肿瘤等。有些疾病具有特征性的症状，不难做出诊断。但不少疾病在临床上症状很相似，容易混淆，可借助特有的病理剖检变化做出正确的诊断，若剖检不能得到明确的结论时，应进行实验室诊断。

二、毛皮动物疾病

犬瘟热

关键技术

诊断：本病特征为双相热型，皮肤湿疹，眼、鼻浆液性和化脓性炎症，后期下痢，便血。最急性的仅表现神经症状，100%死亡。剖检无特征性病变，主要表现消化道黏膜和肺出血。

防治：预防的关键是注射疫苗，若群体发病，则对假定健康兽使用疫苗紧急接种，对病兽要使用大剂量高免血清抢救，同时应用抗生素控制继发感染，必要时结合强心、补液及解毒等综合措施。

犬瘟热是由犬瘟热病毒引起的犬科、鼬科和浣熊科等部分动物的急性、热性和高度接触性传染病。病毒对1%的福尔马林、5%的石炭酸溶液、1%的煤酚皂溶液及3%的氢氧化钠溶液均敏感。

（一）诊断要点

1.流行特点　在自然条件下，犬科动物、鼬科动物、浣熊科中的浣熊、小熊猫等都是易感动物。病兽是主要传染源。病兽通过分泌物和排泄物污染饲料、饮水和器具，经消化道感染；也可通过飞沫、空气经呼吸道感染。本病一年四季均可发生，但秋冬季发病率较高。断乳子兽易感性较老龄兽高。

2.症状 根据临床表现可分为最急性型、急性型和慢性型。

（1）最急性型：即神经型。发病急，病程短，仅能见到狂暴、咬笼、抽搐、吐白沫和尖叫，突然死亡，死亡率达100%。多于流行初期发生。

（2）急性型：病程3～7天，是犬瘟热临床上较典型的症状，多发生在流行中期。病初可见浆液性结膜炎，继而发展为黏液性乃至脓性。鼻镜干燥，流出鼻液并伴发支气管炎、肺炎。精神高度沉郁，拒食，呼吸困难，体温升高到41℃以上。消化紊乱，下痢，后期粪便成黄褐色或焦煤油样。多数转归死亡。

（3）慢性型：病程14～30天。主要表现皮炎症状，最初趾掌红肿，软垫部炎性肿胀。鼻、唇、趾掌皮肤出现水泡，继而化脓破溃、结痂，全身皮肤发炎，有糠麸样皮屑脱落。一般可康复，但发育显著落后。

3.病变 剖检没有特征性病变。常见消化道黏膜和肺出血，膀胱黏膜出血，膀胱壁增厚。肠系膜淋巴结增大出血。肝、脾轻度肿胀。少数病例肝脏质脆，呈土黄色。

（二）防治措施

1.预防 预防犬瘟热的有效措施是加强饲养管理并定期接种疫苗。种兽尤其是母兽在配种前期的12月份至第二年1月份进行第一次接种，在子兽断乳分窝时，对全部子兽进行第一次接种，对种兽进行第二次接种。

2.治疗 一旦发生犬瘟热，首先要尽快定性，及时隔离病兽。对假定健康兽紧急预防接种犬瘟热弱毒疫苗，可按正常免疫的倍量使用。对病兽要大剂量使用血清抢救，同时以抗生素控制继发感染，必要时结合强心、补液及解毒等综合措施防治。具体方法可参考如下。

一次皮下分点注射5～10毫升抗犬瘟热血清，青霉素水溶液（每毫升1万单位）点眼或滴鼻，用卡那霉素（每千克体重7毫克）或庆大霉素（每千克体重1毫克）皮下或肌肉注射，每天3次。或用磺胺二甲氧嘧啶或复方新诺明（每头0.25克）拌料饲喂，每天2次，连用3～5天。

一次肌肉注射抗犬瘟热血清10～15毫升，隔3～5天1次，连用2～3次；一次肌肉注射青霉素80万单位，链霉素0.5克，每天2次，连用3～5天；

5%～10%的葡萄糖注射液200～250毫升，维生素C注射液10毫升，一次静脉注射，每天1次。当出现神经症状时，用樟脑磺酸钠或安定适量肌肉注射。

病毒性肠炎

关键技术

诊断：本病主要特征是腹泻、肠黏膜脱落、粪便中纤维蛋白和肠黏液形成管状物。剖检可见肠壁很薄，有出血性病变。脾肿大呈暗紫色，肝肿大，质脆色淡。

防治：加强饲养管理、接种疫苗预防是预防本病的有效办法。目前，尚无有效方法治疗本病。

病毒性肠炎又称“传染性肠炎”，是以腹泻为特征的急性、高度接触性传染病。本病的病原对外界环境有较强的抵抗力，在污染的笼舍里能保持一年的毒力。0.5%的福尔马林、氢氧化钠溶液，在室温条件下12小时可使病毒失去活力。

（一）诊断要点

1.流行特点　该病在7～10月份发病率高。年轻兽比老龄兽更易发病。死亡率水貂不超过40%，貉可达90%。本病多呈地方性流行，初期病势缓慢，以后呈急性暴发。消化道是病毒的主要感染途径。病兽康复后带毒、排毒达12个月以上，是最危险的传染源。

2.症状　据病程的长短可分为以下几种类型。

（1）最急性型：常发生在流行旺期。不见肠炎症状，在出现食欲废绝后12～24小时内死亡。

（2）急性型：病兽精神沉郁，食欲减退或废绝，渴欲增加，有的出现呕吐。体温40～41℃。主要症状是腹泻，排出黄白、灰白、绿色、粉红或褐色血便，并混有脱落的肠黏膜、纤维蛋白和黏液组成的管状物。病程2～5天，可延长到2周。

（3）慢性型：以腹泻为主，病兽极度消瘦，被毛蓬乱，行走无力，弓背蜷腹，病程15天以上，部分病兽能自然康复。

3.病变 胃内空虚，幽门部充血，有溃疡灶。肠管呈鲜红色，肠内容物混有血液、脱落的黏膜上皮和纤维蛋白样物，肠壁很薄有出血性病变。肠系膜淋巴结充血肿大。脾肿大呈暗紫色，肝肿大，质脆色淡。

（二）防治措施

1.预防 预防本病应采取综合性措施：加强饲养管理、搞好环境卫生，同时接种病毒性肠炎细胞灭活疫苗或犬瘟热、病毒性肠炎二联苗，方法见犬瘟热。在该病流行初期可进行紧急接种，能显著降低发病率和死亡率。

2.治疗 发生该病时，注射高免血清，同时用抗生素控制继发感染并补液，可使多数病兽得到治愈。具体可参考如下。

土霉素100毫克，维生素$B_1$10毫克，胃蛋白酶500毫克，蜜调后一次口服。对于拒食或重症者，应同时将10%葡萄糖注射液10毫升，维生素B_1注射液0.5～1毫升，维生素C注射液0.5～1毫升混合，一次皮下注射，每天1次。

一次皮下多点注射康复貉或狗的血清或全血20毫升。一次肌肉注射青霉素80万单位、链霉素0.5克，每天2次，连用3～5天。5%～10%的葡萄糖注射液或0.9%氯化钠注射液200～250毫升，维生素$B_1$5～10毫升，维生素B_{12}5毫升，硫酸庆大霉素2~4毫克/千克体重，肌肉注射，每天2次，连用5～7天。一次肌肉注射安络血2～3毫升，每天1次，连用2～3天。

巴氏杆菌病

关键技术

诊断：本病以败血症及肺炎为特征，表现体温升高，呼吸困难，鼻流血样泡沫样分泌物。剖检可见呼吸道和消化道出血性炎症。

防治：预防本病应从三方面着手：全群预防性投药，搞好环境卫生，注射毛皮兽巴氏杆菌多价苗。采用抗生素治疗，结合解毒、强心、补液效果更好。

该病是由多杀性巴氏杆菌感染引起的毛皮动物急性、败血性传染病。其特点是发病急、病程短、死亡快。本菌的抵抗力较弱，在干燥空气中2～3天死亡。在直射日光下10分钟即死亡。70～80℃，5～10分钟可被杀死。普通消毒药3～5分钟可杀死巴氏杆菌。

（一）诊断要点

1.流行特点 水貂、狐、貉对巴氏杆菌均易感染，子兽更易感。本病菌常寄生于健康动物的上呼吸道，当机体抵抗力下降时，易发生内源性感染；病原体往往通过肉类饲料及副产品带入养殖场，经消化道感染，也可通过飞沫经呼吸道感染。本病无明显季节性，以春秋季多发。

2.症状 多数病例呈急性败血症经过，幼龄兽先发病，然后波及大群。临床可分超急性型和急性型。

（1）超急性型：突然发作，痉挛抽搐，口吐白沫，尖叫，病程不超过24小时即转归死亡。

（2）急性型：病兽体温升高到41～42℃，鼻镜干燥，食欲减退或废绝，有的病例鼻孔周围有少量黏液或血样分泌物。侵肺型巴氏杆菌可见呼吸困难，眼球突出，有的头和颈部出现水肿。侵肠型巴氏杆菌出现下痢和便血。此型病程48～96小时。

3.病变 肝、肺、脾、肾、胃肠黏膜和浆膜出血。胸膜有点状出血。胸腔红黄色渗出液。气管黏膜充血和条状出血。脾肿大，边缘钝。典型病例肝脏有点状坏死灶散在分布，呈灰白色。部分病例心外膜有出血点。

（二）防治措施

1.预防 加强饲养管理，改善卫生条件，是预防本病的重要条件。严格检查动物性饲料，禁用病死畜禽及其副产品饲喂。定期注射中国农业科学院特产研究所研制出的毛皮兽巴氏杆菌多价苗，也可采用从发病场分离的多杀性巴氏杆菌制备的多价灭活菌苗。在饲料中定期加入预防剂量的抗生素。

2.治疗 对病兽和可疑病兽，可用大剂量的青霉素治疗，每只每天20万～40万单位，每天2～3次，3天一个疗程。口服喹乙醇，复方新诺明或增效磺胺类制剂等也有效。也可用抗巴氏杆菌血清，皮下注射8～12毫升。对于病重者结合解毒、强心、补液效果更好。

大肠杆菌病

关键技术

诊断：病兽体温升高到40.5～41℃，腹泻，排黄绿色稀粪，严重者粪便呈水样、血便。有的病例出现神经症状。

防治：搞好环境卫生，改善饲养管理，是预防本病的重要条件。治疗宜杀灭病原，对症治疗。

大肠杆菌病是由致病性大肠杆菌引起的传染病，特别是新生和幼龄毛皮动物更易感染。成年毛皮动物患病时，常引起流产和死胎。该菌抵抗力较低，50℃ 30分钟或60℃15分钟即死亡。对常用消毒药敏感。

（一）诊断要点

1.流行特点 自然条件下，各种年龄的水貂、狐、貉都易发生，子兽易感染。其发生的条件与卫生不良、营养低下、饲料污染或变质、低温多雨等因素有直接关系。消化道是最主要的感染途径。夏秋季节发病率高。死亡率可高达50%。

2.症状 潜伏期1～3天，通常突然发病，病程1～3天，多数为急性经过，少数成年兽呈慢性型。病初精神沉郁，食欲减退，继而废绝，体温升高到40.5～41℃，下痢，粪便呈灰色粥样，混有黏液和气泡。最后发生水样腹泻，便中带血。病危期患兽极度消瘦，弓背蜷腹，被毛蓬乱，眼球下陷，全身无力，走路不稳。当侵害呼吸系统时，病兽表现呼吸困难；当侵害神经系统时，病兽多呈急性死亡，有时并不出现腹泻症状。

3.病变 肠壁菲薄，黏膜呈卡他性或出血性炎症，黏膜易脱落。肠内容物混有血液。肠系膜淋巴结肿胀，切面多汁和出血。肝轻度肿胀或有出血点，颜色发黄，脾出血，肿胀。

（二）防治措施

1.预防 认真搞好日常的环境卫生、饲料和饮水卫生等工作是预防本病的重要措施。对产后的弱子想法让其吃到初乳。母兽乳头不洁的要人工将其擦净。子兽补饲时或断乳时，饲料一定要保证新鲜，不能喂得过饱，饮水要保持清洁。

迄今通用的大肠杆菌菌苗尚未解决，但据报道，利用病场分离的多种血清型菌株制备的多价灭活苗，对断奶前后幼兽注射或口服，可获得良好的效果。

2.治疗 下列药物可供治疗选用。庆大霉素，每次4万～8万单位，肌肉注射或拌饲料中饲喂或灌服；拜有利，皮下注射，每次0.3～0.8毫升，每日1次，连用3日或到痊愈为止。对重症病例注射维生素C和维生素B_1，静脉注射5%～10%葡萄糖液，每日1次，每次20～50毫升。5%的碳酸氢钠溶液，每次10～20毫升，每日1次。还可用生态制剂代替抗生素进行治疗，效果也很好。

阴道加德纳氏菌病

关键技术

诊断： 本病的主要症状是繁殖障碍，表现为母兽于妊娠后20～45天出现流产及在妊娠前期的胎儿吸收。公兽在配种期性欲减退并常出现血尿。剖检可见生殖和泌尿系统出现炎症。

防治： 预防本病的主要措施是注射疫苗。当患病时，可选择敏感的抗生素治疗。

阴道加德纳氏菌病是由阴道加德纳氏菌感染引起的一种新的传染病，可引起妊娠兽流产和空怀，公兽性功能减退，配种力下降，是当前毛皮兽繁殖障碍的一个主要传染病。本菌对氨苄青霉素、红霉素、氯霉素及庆大霉素敏感。

（一）诊断要点

1.流行特点 病兽流产胎儿及其阴道流出的恶露是重要的传染源，不同年龄、品种、性别的毛皮兽均可感染，但通常母兽感染率明显高于公兽。本病主要通过交配感染，外伤也是不可忽视的感染途径。

2.症状 本病的突出临床症状是多数于妊娠后20～45天出现流产及在妊娠前期的胎儿吸收，流产前母兽从阴门排出少量污秽物，有的病例出现血尿。公兽常出现血尿，在配种期感染，可导致性欲降低。

3.病变 病变主要在生殖与泌尿系统。可见阴道和子宫黏膜肿胀，发红，上皮易脱落，尿道和膀胱黏膜均可见炎症变化。卵巢肿大。公兽有包皮炎、睾丸炎以及前列腺炎。

（二）防治措施

1.预防 每年2次注射阴道加德纳氏菌铝胶灭活疫苗，可有效地预防本病的发生。在初次使用该疫苗前最好进行全群检疫，对健康者立即接种，对病兽或取皮淘汰，或药物治疗1.5个月后，进行免疫注射，可保证疫苗免疫效果。

2.治疗 阴道加德纳氏菌对氨苄青霉素、红霉素、氯霉素及庆大霉素敏感，对病兽可选用上述药物治疗。实践证明，以青霉素进行7～10天的治疗，每日口服2次，每次0.1～0.2克，治愈率可达99%。

食毛症

关键技术

诊断： 本病特征为患兽啃食自体或异体毛绒，被啃部犹如刮过状裸出皮肤。

防治： 无良好的治疗方法，应立足于综合性预防。

毛皮动物食毛症的发生原因较复杂：硒、铜、钴和锰等微量元素和钙、磷等矿物质不足或缺乏；脂肪酸败；酸中毒；肛门腺分泌阻塞等都可引起本病的发生。

（一）诊断要点

患兽啃食后躯部特别是尾部的毛绒，持续的时间不等，有的表现间断性发作，严重的除头颈部外全身裸露。大部分病兽营养不良，消瘦。有的病例表现精神不安和兴奋。个别兽有异嗜现象。死于食毛症的病兽多是由于毛团引起胃肠阻塞。

（二）防治措施

1.预防 预防本病的关键是合理搭配饲料，补充营养。实践证明，食毛症发病率高的场，多数都是饲料单一。目前资料表明，喂商品干饲料的毛皮兽几乎无该病发生。

2.治疗 用十一碳烯酸，按1%的比例拌料，连喂4～7天。康复貂不宜留作种用。

螨病

关键技术

诊断：本病主要特征是病兽皮肤掉毛，结痂，脱落皮屑，剧痒。用外科刀刮取患部与健康交界处的皮屑，以10%的氢氧化钠处理后镜检，可发现螨虫。

防治：搞好环境卫生是预防本病的关键。目前公认的特效药为阿维菌素。

螨病俗称癞，本病的发生与环境有关。

（一）诊断要点

1.流行特点 一年四季都可发生，但在春秋季发病率高，气候潮湿、阴雨连绵是促进本病发生的重要条件。病兽是本病流行的主要传染源，可通过接触直接传播或通过病原污染的媒介间接传播。

2.症状 螨虫包括疥螨和痒螨。

（1）疥螨：表现剧痒，并贯穿整个病程。一般先发生在脚掌部皮肤，后逐渐蔓延到腿，然后扩散到头、尾、颈及胸腹内侧，最后遍及全身。病兽不停地啃咬患部，常以前爪搔抓，不断向笼网或小室木箱上摩擦，使患部炎症加剧和损伤。侵害局部或面积小时，病兽无明显全身反应，若全身受侵害时，病兽精神沉郁，食欲减退或废绝，逐渐消瘦，最后中毒死亡。

（2）痒螨：病初局部皮肤发炎，有轻度痒觉，病兽时而摆头，时而以耳壳摩擦小室和笼网，并以脚爪搔抓患部，引起外耳道皮肤发红、肿胀，形成炎性水泡，并有浆液渗出。渗出液黏附耳壳下缘被毛，干涸后形成痂，厚厚地嵌于耳道内，堵塞耳道。有时耳痒螨钻入内耳，损伤鼓膜，造成鼓膜穿孔，严重者并发脑膜炎，出现痉挛等神经症状。

（二）防治措施

1.预防 饲养场应分区饲养不同的动物，尤其不能与猫、犬混养。所有笼箱、器具都要进行热消毒。定期用抗螨药杀虫，通常间隔5~7天进行1次。病兽脱落的痂皮掉在地面上是主要传染源，应及时彻底清除，并加生石灰深埋。

2.治疗 目前对毛皮兽特效药公认为阿维菌素，可口服或注射，一般用药2~3次，每次相隔5~7天，最后一次用药后10~15天即可痊愈。但必须结合笼具的消毒。否则重复感染。

水貂阿留申病

关键技术

诊断：本病的特点是食欲时好时坏，渴欲明显增高，进行性消瘦，贫血，步态不稳，伴有痉挛，多数死于尿毒症。剖检可见肾肿大2~3倍，呈灰色或淡黄色。肝肿大，急性病例呈红肉桂色，慢性病例呈土黄色。

防治：无特效药物治疗也无有效的疫苗预防。有效的防治办法是采取以检疫、淘汰阳性貂为主的综合性措施。

水貂阿留申病是由阿留申病毒引起的一种慢性、进行性传染病，我国各养貂场均有该病发生，发病率80%左右，死亡率也很高，每年都造成巨大的经济损失。该病被公认为养貂业的三大疫病之一。其病毒可被紫外线、0.5%碘灭活。

（一）诊断要点

1.流行特点 病貂和隐性感染貂是主要传染源，病毒自感染貂的唾液、粪便和尿排出扩散，从而污染环境、饲料、饮水和用具。通常经消化道和呼吸道传染，也可通过母貂胎盘直接传给子代。成年水貂感染率高于育成水貂，公貂高于母貂。本病有明显的季节性，秋冬季发病率与死亡率明显高于其他季节。

2.症状 潜伏期长短不定，直接接触感染时平均为60~90天，长的达

7～9个月。临床少数呈急性经过，多数为慢性或隐性型。急性病例表现食欲减退或消失，精神沉郁，机体衰竭，濒死前抽搐，病程2～3天。慢性型病例，食欲时好时坏，渴欲明显增高，进行性消瘦，贫血，步态不稳，伴有痉挛，病后期不全麻痹，排煤焦油样粪便。多数死于尿毒症，病程数周或数月不等。

3.病变 特征性的病变主要在骨髓、脾、肝和肾，尤以肾脏变化最为显著。肾肿大2～3倍，呈灰色或淡黄色，表面有黄白色小病灶和点状出血，被膜易剥离，慢性病例髓质有坏死灶。肝肿大，急性病例呈红肉桂色，慢性病例呈土黄色，脾肿大2～5倍，慢性型脾萎缩。淋巴结肿胀、多汁，呈淡灰色。胃肠黏膜有点状出血。口腔黏膜有溃疡。

（二）防治措施

对阿留申病既无特效药物治疗也无有效的疫苗预防。有效的防治办法是采取以检疫、淘汰阳性貂为主的综合性措施。

首先，要重视平时的饲养管理，保证饲料优质、全价和新鲜，以提高机体的抗病力，将发病率控制在最低水平。

其次，严格兽医卫生制度是控制疫源扩散蔓延的关键，也是消灭传染源的重要手段。地面、笼舍、用具应定期消毒。粪尿等应每天清除干净，并作消毒处理。

第三，建立定期检疫和淘汰阳性貂的制度，是控制本病的主要措施。每年检疫2次，第一次在配种开始前，通常在1～2月间进行；第二次在选种期间，一般在9～10月间进行。引进种貂应在隔离条件下进行检疫。如此坚持几年，就有可能将该病控制在5%以内，以达到清净场（群）标准。

狐脑炎

关键技术

诊断： 病初食欲不振，体重逐渐减轻，随之出现神经症状。

防治： 接种疫苗是预防本病发生的最有力措施；该病无特效药。

狐脑炎是由犬腺病毒引起的以中枢神经系统损害、伴发兴奋性增高和

癫痫性发作为特征的急性传染病。该病毒于60℃3～5分钟失去活性，2%的氢氧化钠、4%的来苏尔、20%的漂白粉对该病毒有杀灭作用。

（一）诊断要点

1.流行特点 自然条件下3～10月龄狐易感，死亡率为10%～20%。成年狐抵抗力较高。康复和隐性感染狐为带毒者。主要感染途径为呼吸道，也可通过污染的饲料经消化道传染。本病呈散发流行，夏秋季发病率较高。

2.症状 急性病例表现兴奋性突然增高，短时间癫痫性发作，1～2天内死亡；亚急性病例除表现癫痫性发作外，有麻痹症状，瞳孔散大。发作时常出现痉挛性咀嚼动作，口内流出泡沫样液体。病狐有时大声鸣叫，出现转圈运动和视力丧失。少数病例缺乏典型症状，仅表现拒食，精神沉郁，呕吐。

3.病变 心内膜、脑膜、肺、肝、肾、脾有出血点，肝肿大，脑水肿，脑室内蓄积液体，脑血管高度充血，有时可见脑血管破裂，在表面见到血凝块。

（二）防治措施

本病无特效药，每年进行2次疫苗接种是预防本病发生的最有力措施。一般一窝如果发现病例，全窝应予以淘汰，不得留作种用。

麝鼠克雷伯氏菌病

关键技术

诊断： 本病的特点为，病初食欲减退，弓背和喷嚏，随后在颈、肩、背部及后肢发生脓肿，脓肿邻近部淋巴结肿胀，尤以颌下脓肿最多见。剖检可见肝、脾肿大，胸腺、肾脏和浆膜有出血点。

防治： 防止野鼠进入圈内，笼具和圈舍应定期消毒，以预防本病的发生。病初使用抗生素有效。对形成脓肿的病鼠，可施以外科手术。

麝鼠克雷伯氏菌病是由肺炎克雷伯氏菌引起的一种散发性慢性传染病，以体躯部形成脓肿和脓毒败血症为特征。病原对青霉素、链霉素、卡

那霉素敏感。

（一）诊断要点

1.流行特点 克雷伯氏菌为条件性致病菌，广泛存在于自然界，土壤、水及农产品中都存在。在健康动物的肠道、呼吸道内常有寄生，当外界条件变化，机体抵抗力下降时常发生内源性感染。本病多呈散发或地方性流行，春秋季节发病率高，幼龄鼠和饲养密度大时发病率和死亡率高。

2.症状 多呈慢性经过，病初仅出现食欲减退，精神不振，弓背和喷嚏，继而在颈、肩、背部及后肢发生脓肿，邻近部淋巴结肿胀，尤以颌下脓肿最多见。病鼠逐渐消瘦，有的因脓肿压迫神经而出现麻痹或吞咽困难等症状。有的脓肿破溃，流出腥臭脓汁。多数病例转归死亡。

3.病变 尸体消瘦，肝、脾肿大，有的边缘有坏死灶。胸腺、肾脏和浆膜有出血点，个别有腹膜炎。颈部脓肿，颈淋巴结肿大。脓肿为结缔组织包裹。少数病例还可见到脓胸和肉芽肿性肺炎。

（二）防治措施

1.预防 在预防上要强化圈养鼠的卫生管理，如做好环境、圈舍、笼具的清洁、消毒，防止野鼠进入圈内等。对可疑病鼠要及时淘汰处理。

2.治疗 病初使用对本病敏感的抗生素进行治疗有效，如卡那霉素、环丙沙星和拜有利。对形成脓肿的病鼠，可施以外科手术，排除脓汁，然后用0.1%的高锰酸钾液反复冲洗，同时用抗生素作全身治疗，也可收到良好效果。

麝鼠巴氏杆菌病

关键技术

诊断： 病程长短不一，症状表现有所差别。最急性型突然发作死亡。急性型、慢性型，表现体温升高，呼吸困难，同时伴有下痢。剖检可见气管内有大量带血的黏液，胃肠黏膜出血。肝肿大有出血点，脾肿大。

防治： 搞好环境卫生是预防本病的关键，对病兽可用抗生素治疗。

麝鼠巴氏杆菌病是由巴氏杆菌引起的一种急性传染病。本病分布广泛，世界各地均有发生。该病菌抵抗力不强，在干燥空气中2～3天死亡。10%石灰乳，2%来苏尔，福尔马林几分钟便可使本菌失去活性。

（一）诊断要点

1.流行特点 该病主要通过消化道、呼吸道、皮肤黏膜、血液传染。无明显季节性，各种年龄和性别的麝鼠均易感。病鼠是主要传染源，常由于排泄物污染水源而引起全面暴发。寒冷、饥饿和不良的卫生条件等都能诱发本病。

2.症状 由于病程长短不一，症状表现有所差别。

（1）最急性型：突然发作死亡，此型占死亡总数的30%～50%。

（2）急性型：病鼠精神沉郁，食欲减退乃至废绝，体温升高，呼吸困难，渴欲增加，下痢，后肢麻痹，病程2～3天即转归死亡。

（3）慢性型：病鼠表现呼吸困难，进行性消瘦，腹泻，结膜炎和关节炎等症状，部分病例常在皮下出现脓肿，病程1～2周。

3.病变 最急性病例无显著变化，急性与慢性可见气管内有大量带血的黏液，肺出血，心外膜常见有出血点。胃肠黏膜出血，有的出现溃疡。肝肿大有出血点，有时可见针尖大小坏死灶。脾肿大2～5倍。肾和膀胱黏膜出血。

（二）防治措施

1.预防 加强饲养管理和卫生防疫，引进的种鼠必须经2～3周隔离、检疫观察，证明健康后方可混群饲养。

2.治疗

（1）硫酸丁胺卡那霉素注射液10毫克，地塞米松注射液1毫升，一次肌肉注射，每天2次，连用2天以上，同时用银翘维生素C片1克、安乃近0.5克、复方新诺明片20～25毫克拌料一次喂服，每天2次，连用3天以上。

（2）对病兽用青霉素治疗，每天2次，每次10万单位肌肉注射，同时注射维生素C和维生素B_1；对慢性病例和假定健康鼠应投以复方新诺明治疗，拌于饲料中，每天1次，首次量0.1克，以后减半，连用3天。

麝鼠泰泽氏病

关键技术

诊断：本病的主要特征为腹泻，特征性病变是肠黏膜出血和肝脏有坏死灶。

防治：加强饲料和饮水的卫生是预防该病发生的首要条件。可使用抗生素治疗。

泰泽氏病是由毛发状芽孢杆菌引起的一种以坏死性肝炎和出血性坏死性肠炎为特征的传染病。本菌对氨苄青霉素、兽用头孢菌素、四环素及土霉素敏感。

（一）诊断要点

1.流行特点 断乳后幼龄鼠多发，成年鼠发病率低，消化道是主要感染途径，主要通过污染的饲料和饮水传播。

2.症状 流行初期，病鼠多无明显症状而突然死亡。急性病例仅表现精神沉郁，短时间下痢后死亡。慢性病例以腹泻为特征，1~2周衰竭死亡。

3.病变 肠黏膜出血，肠系膜淋巴结肿胀，肝脏有坏死灶。脾萎缩。有的病例心肌变性。

（二）防治措施

1.预防 加强饲料和饮水卫生是预防该病发生的首要条件。发现病鼠及时治疗和隔离，对场地进行彻底消毒。全群投药，进行预防性治疗以防本病的扩散。

2.治疗 可使用抗生素治疗。本菌对氨苄青霉素、兽用头孢菌素、四环素及土霉素敏感。

麝鼠伪结核病

关键技术

诊断： 本病无特征性症状，剖检可见肝、肾、肠等内脏器官形成灰黄色干酪样小结节。

防治： 目前尚无有效的疫苗可供使用，抗生素治疗仅能控制病势发展，很难治愈。

该病是由伪结核耶尔辛氏菌引起的一种慢性传染病，其特征为内脏器官形成干酪样结节。该菌对外界抵抗力不强，一般消毒药均能杀死。

（一）诊断要点

1.流行特点 麝鼠和其他啮齿类动物均易感，幼龄鼠比成龄鼠更易感。本病呈散发或地方性流行。病鼠从粪、尿及呼吸道排菌从而污染环境、饲料、饮水和用具，构成本病的主要传染源。

2.症状 本病多呈慢性经过，一般无特征性症状，幼龄鼠感染后常突然死亡。多数病例仅见食欲减退，精神沉郁和慢性消瘦，有的体表淋巴结肿胀或下痢，有的出现结膜炎或后躯麻痹。

3.病变 肝、肾、肠等内脏器官形成灰黄色干酪样小结节。肠系膜淋巴结和腹股沟淋巴结明显肿大，切面有干酪样坏死灶。肺表面出血，气肿。

（二）防治措施

防治的关键是加强卫生管理，及时清除粪便，降低污染程度。及时隔离病兽，防止疾病蔓延。目前本病无特效疗法，抗生素仅能控制病势发展，很难治愈。

三、鹿　　病

鹿坏死杆菌病

关键技术

诊断：鹿跛行，四肢下部发炎或肿胀，然后出现溃疡、化脓和坏死，严重者出现蹄匣脱落。剖检可见体内器官有坏死灶。

防治：目前无疫苗进行免疫预防，防止出现外伤是预防本病的关键，早期发现并及时治疗可收到较好效果。

鹿坏死杆菌病是由坏死杆菌引起鹿的一种慢性传染病，该病几乎在我国各养鹿场都存在，是危害养鹿业最严重的传染病。

（一）诊断要点

1.流行特点　本病一年四季均可发生，但秋冬季发病率较高。发生的主要原因有：地面坚硬并凹凸不平；配种期公鹿间的争偶顶撞；子鹿分群时采取的措施不当；初生子鹿的脐带感染；锯茸时伤口感染；饲养密度过大，鹿互相争斗；饲喂带芒刺的饲料。以上诸因素可导致皮肤、黏膜损伤而直接感染。因此，外伤是坏死杆菌病发生的先决条件。

2.症状　发病初期，出现跛行，蹄踵及蹄冠发生热痛性肿胀，而后发生化脓、溃烂和坏死，并向深部蔓延，可从破溃处流出污浊恶臭脓汁和坏死组织碎片。有时坏死波及韧带、关节、骨骼和蹄匣，严重者发生蹄匣脱落。有时可见口腔黏膜溃疡和坏死性病变。皮肤坏死多发生在肩部和背部，局部肿胀、脱毛并形成坏死，久治不愈。随病程发展，局部病变可在内脏如肝、肺、心脏等形成转移性病灶。腐蹄病多见于成年公鹿，坏死性肝炎多见于子鹿。当内脏受侵害并发展到一定程度时，可见病鹿精神沉郁，食欲减退，呼吸困难直至死亡。

3.病变 病鹿尸体消瘦，蹄部及其周围组织溃烂和坏死。在肺脏，常见大小不等的坏死灶，有的发生肺化脓或肺坏疽。在肝脏，可见大小不等的白色结节样坏死灶。

（二）防治措施

1.预防 目前，无疫苗进行免疫接种，防止出现外伤是预防本病的关键，如圈舍地面要平整；子鹿分群时要放入温顺的母鹿，避免发生惊慌而导致奔跑乱窜造成外伤；对参加配种的公鹿要调整饲料，使之多样化和适口性好，以增加体况，提高抗病能力；为防止子鹿脐带感染，产子母鹿舍要铺垫草，子鹿断脐要用碘酊消毒；对病鹿要隔离饲养，并对鹿舍、运动场、用具等彻底消毒。

2.治疗

（1）局部疗法：首先要彻底清除患部的坏死组织及脓液，用1%的高锰酸钾溶液或3%双氧水冲洗，再涂以鱼石脂软膏、磺胺软膏或抗生素软膏，包以绷带，隔天换药1次。当坏死面积较大，侵害深部组织或形成瘘管时，在清创处理后可灌注20%的浓碘酊。一般对局部处理每天进行1次，直至治愈。

（2）全身疗法：可用抗生素及磺胺类药物。四环素、金霉素每次按5～10毫克/千克体重，肌肉或静脉注射，每天2次。红霉素按2～4毫克/千克体重，溶于5%葡萄糖注射液内，静脉注射，每天2次。10%磺胺嘧啶钠100～150毫升，静脉注射，每天2次。

鹿结核病

关键技术

诊断：本病的特征为弓背，咳嗽，呼吸困难，体表淋巴结肿大。剖检可见不同的脏器有不同的结核结节。

防治：接种卡介苗是控制鹿结核较为有效的方法。治疗可选用异烟肼、链霉素、利福平和乙胺乙醇配合联用，但治疗价值不大。

鹿结核病是由结核分枝杆菌引起人畜共患的一种慢性传染病。此菌分布在土壤、水和空气中，对环境的抵抗力极强。70%的酒精、10%的漂白粉可迅速杀死本菌，对异烟肼、链霉素、利福平和乙胺乙醇敏感。

（一）诊断要点

1.流行特点　病鹿是本病的主要传染源，主要传播途径是呼吸道，其次是消化道和生殖道，也可通过饲料和饮水传播。机体的营养低下是结核病发生的一个因素。本病的流行无明显季节性，不同年龄和性别的鹿均可感染，但公鹿的发病率和死亡率常高于母鹿。

2.症状　发病初期，症状不明显，后期表现进行性消瘦，食欲下降，弓背、咳嗽、呼吸困难，贫血，被毛粗乱无光泽，体表淋巴结肿大。

3.病变　尸体消瘦，剖检可见在不同的脏器有不同的结核结节，结节大小不等，大的如蛋黄，小的如米粒，呈灰白色，坚硬，切开时有磨沙声，内容物呈黄白色干酪样。

（二）防治措施

1.预防　本病以预防为主，利用卡介苗进行预防接种是控制鹿结核较为有效的方法。子鹿在生后3～5天颈侧皮内注射卡介苗0.3毫升，隔12个月再注射1次，连续3次。此免疫程序可使结核病发病率明显降低。对鹿群进行定期检疫，当检出阳性鹿时应及时淘汰。

2.公共卫生　为防止人畜共患，工作人员应及时接种或复种卡介苗，注意做好个人卫生，并定期体检。患结核病者，不能担任饲养员。

3.治疗　本病一般不加治疗，应及时淘汰。对病情轻微的优良品种可试用异烟肼，治疗用量为5毫克/千克体重内服，配合链霉素，每日30毫克/千克体重肌肉注射。对氨基水杨酸钠，200～300毫克/千克体重，每日静脉注射1次。该病通常取慢性经过，一般需连续治疗3～6个月。

鹿魏氏梭菌病

关键技术

诊断：本病的特征是病程短，死亡急，体温升高，腹部膨大，下痢便血。剖检可见小肠和真胃严重出血性炎症。

防治：每年注射1次魏氏梭菌疫苗，可有效地控制该病。多数病鹿没有治疗机会。病程稍长者可用大剂量的青霉素和磺胺治疗。同时结合补液、强心及解毒等全身疗法。

魏氏梭菌病又称“肠毒血症”，是由魏氏梭菌的毒素引起的以重度肠道出血为主要特征的一种超急性传染病。

（一）诊断要点

1.流行特点 采食被该菌芽孢污染的饲草和饮水可感染。该病的发生与饲料突变密切相关，特别是采食含蛋白质高的大量青草时更易发生。多发生于夏秋季，呈散发或地方性流行。同群膘肥体壮、采食量大的鹿发病率高，并且常先死亡。

2.症状 病鹿食欲减退或废绝，反刍停止，精神沉郁，离群。而后出现口鼻流出泡沫样液体，腹部膨大，腹痛不安，下痢便血，体温升高到39～41.5℃，呼吸急促，眼睑黏膜发绀。濒死前常发生角弓反张，很快死亡。

3.病变 一般不表现消瘦。腹部膨胀，肛门外翻，鼻孔和口角有白色泡沫，皮下呈胶样浸润。肠黏膜弥漫性出血，外观似血肠样。肠内容物含血。真胃黏膜充血和出血。肾肿大，质软。肝肿大，质脆。脾显著肿胀充血。

（二）防治措施

1.预防 每年注射1次魏氏梭菌疫苗，可有效地控制该病。禁止用含水分多的饲草进行饲喂。当发现并诊断为本病时，应立即隔离病鹿，对圈舍消毒和对健康鹿投喂药物进行群体预防。

2.治疗 多数病鹿无治疗机会。病程稍长者静脉注射10%葡萄糖液100毫升，25%尼可刹米10毫升。肌肉注射拜有利，成鹿每次5毫升，每天1次，连用3～5天。或用链霉素、庆大霉素、及维生素B、维生素C等进行治疗。也可混饲磺胺脒，每只鹿每天10克，连喂7天。

鹿巴氏杆菌病

关键技术

诊断：本病的特征为发病急、死亡快。病鹿表现体温升高，呼吸困难，便血。剖检可见内脏器官出血。

防治：每年定期注射菌苗可预防本病。对病鹿可用抗生素治疗。

鹿巴氏杆菌病又称“出血性败血病”，由多杀性巴氏杆菌引起鹿的一种急性败血性传染病。该病病原对外界环境抵抗力较差，常用消毒剂均可杀死。

（一）诊断要点

1.流行特点 该病呈散发，偶有流行。在5～8月份发病较高，成年公鹿多于配种后期即10～12月间发病。病鹿是主要传染源，传播途径为消化道。另外，本菌也存在于健康动物呼吸道黏膜上，当机体抵抗力弱时可引起发病。

2.症状 本病潜伏期为1～5天，临床上常见急性败血型和出血性肺炎型。急性败血型体温升高到40～41.5℃，呼吸困难，皮肤和黏膜充血、出血，肛门和阴门附近无毛部呈青紫色，口鼻常流出泡沫或带血的液体，病鹿反刍停止，食欲废绝，独立一隅或伏卧不起，后期常见有血便，病程1～2天。肺炎型主要以严重的呼吸困难、咳嗽及便血为特征，病程一般3～6天。

3.病变 咽部、胸部皮下组织水肿。腹部皮下组织呈胶样浸润。心内外膜、消化道黏膜充血或出血，血液凝固不良。肺水肿和淤血。胸膜和肺粘连，胸腔内有大量纤维素性渗出液。肝肿大，表面有出血点或灰白色坏死灶。肾充血。

（二）防治措施

1.预防 搞好鹿舍清洁卫生，尤其是炎热潮湿的季节，应注意定期消毒。加强饲养管理，提高机体抗病能力。在疫区每年应进行菌苗预防注射。

2.治疗 80%以上的病例没有治疗机会。对亚急性和慢性病例有一定的治疗价值。可用大剂量的青霉素、链霉素注射，每日最好注射2次，成鹿每次用青霉素200万单位、硫酸链霉素200万～300万单位，一次性肌肉注射，每天2次。也可选用长效磺胺，每千克体重静脉注射0.13克，也可口服。同时根据病情采取补液、强心等综合措施。最关键的是对假定健康鹿群预防性投药，以控制新病例出现，并要积极查找传染源，切断传播途径。

鹿布氏杆菌病

关键技术

诊断：主要症状为流产、乳腺炎及睾丸炎。

防治：搞好公共卫生，定期注射疫苗是预防本病的关键，此病一般不进行治疗。

鹿布氏杆菌病是由布氏杆菌引起的一种人畜共患病。该菌在污染的土壤和水中存活长达4个月，在乳制品、肉中能存活2个月，煮沸能立即将其杀死。布氏杆菌能穿透正常的皮肤和黏膜。

（一）诊断要点

1.流行特点 病鹿和人是本病的传染源，消化道是主要感染途径，其次是生殖道和皮肤。流产物、阴道分泌物、尿、粪便、乳汁、公鹿的精液均含病原菌，通过污染饲料、交配、泌乳传播。本病无明显的季节性，但在产子季节最突出。一般母鹿只流产1次。

2.症状 布氏杆菌病呈慢性经过，初期症状不明显，日久可见精神沉郁，食欲减退，渐进性消瘦，生长缓慢或停滞，淋巴结肿大。母鹿多于妊娠后期发生流产，产死胎。流产前后从阴道流出灰黄色分泌物，有些母鹿由于其胎儿在子宫内腐烂，发生子宫内膜炎，从阴道内不断排出恶臭脓汁样分泌物，此时母鹿表现逐渐消瘦，多以死亡告终。

公鹿发生睾丸炎、附睾炎、关节炎，表现睾丸肿大，严重时睾丸和附睾化脓。由于关节重度炎症，病鹿不仅跛行，而且起卧困难，并时常见到关节破溃。

3.病变 流产胎盘绒毛膜上有纤维样化脓性渗出物，绒毛膜下组织胶样浸润、出血和充血，胎衣肥厚。胎儿真胃中有微黄色或白色黏液和絮状物，胃肠浆膜上附有絮状纤维蛋白凝块。公鹿睾丸肿大，内有脓汁或坏死灶。有的病鹿发生乳房炎，脾脏肿大，关节肿大及组织增生。

（二）防治措施

1.预防 定期检疫，阳性者淘汰，阴性者接种羊布病5号弱毒苗。鹿舍要定期消毒，尤其对产房及母鹿分泌物要注意随时消毒处理。

2.公共卫生 为防止人畜布氏杆菌病的相互传染，在疫区要建立必要的卫生制度，鹿舍要远离医院、居民区、垃圾场、交通要道、水源及其他畜牧场，鹿群要专人管理、定点放牧，鹿舍要经常清理消毒。工作人员应注意个人防护，并定期体检，发现患者应及早治疗。

3.治疗 本病一般不进行治疗，有条件的可在严格隔离情况下用拜有利、金霉素、土霉素等进行治疗。

鹿狂犬病

关键技术

诊断：本病主要表现为极度兴奋、狂暴或沉郁，最后局部或全身麻痹死亡。

防治：加强管理，定期接种疫苗是预防本病的主要措施。一般不进行治疗。

鹿狂犬病是由狂犬病毒引起的一种人畜共患的急性接触性传染病。

（一）诊断要点

1.流行特点 本病多侵袭梅花鹿，不同年龄、性别的鹿均可感染，常呈散发流行，无明显的季节性。冬末春初发病率高。本病呈明显的接触传染，常于一个圈内发生而临近圈内不发病。

2.症状 大致表现三个类型：兴奋型、沉郁型和麻痹型。

（1）兴奋型：突然发病，尖叫不安，横冲直撞。有的头部撞伤而出血，自咬或啃咬其他鹿，对人有攻击行为。有的鹿鼻镜干燥，流涎，结膜极度潮红。后期，病鹿可出现角弓反张，后躯麻痹，倒地不起。病程3～5天。

（2）沉郁型：精神不振，离群呆立，两耳下垂，走路摇晃，头部震颤，磨牙空嚼，有时排血样便，后期卧地不起，流涎。病程3～5天。

（3）麻痹型：病鹿后躯无力，站立不稳，行走摇晃，常倒下后呈犬坐姿势。后期倒地不起，强行驱赶时拖着后肢爬动。病程较长，多数可耐过恢复。

3.病变 无特殊肉眼病变。

（二）防治措施

1.预防 预防本病的发生要做到加强饲养管理，建立严格的兽医卫生制度、防止犬和其他家畜进入鹿场，严禁随意参观鹿场，定期灭鼠。疫区的鹿应定期注射疫苗，目前商品疫苗有狂犬和魏氏梭菌二联苗及人用狂犬病疫苗，免疫效果均较好，免疫期一年，每年春季或秋季进行一次接种即可。

2.治疗 病鹿无治疗价值。怀疑或经诊断确定为狂犬病后，对病鹿立即隔离，对发病鹿群进行紧急接种，一般于注射疫苗15天后即可终止发病死亡。

鹿破伤风

关键技术

诊断：全身或局部肌肉强制性收缩，牙关紧闭，对外界刺激敏感。

防治：减少外伤，并每年定期注射一次破伤风类毒素疫苗是预防本病的关键。治疗宜中和毒素，清创，镇静，补液。

鹿破伤风是由破伤风梭菌感染引起的一种人畜共患的急性传染病。该菌芽孢的抵抗力较强，在土壤表层能存活数年，于阴暗干燥处能存活10年以上。煮沸需10～90分钟才能杀死芽孢。芽孢对10%的碘酊、10%的漂白粉、3%的双氧水敏感。

（一）诊断要点

1.流行特点 本病不接触传染。外伤是感染的必要条件。鹿感染破伤风菌，通常由于锯茸、打耳号、分娩、脐炎、四肢创伤或手术感染所致。本病散发，无明显季节性，不同年龄、性别及不同品种的鹿均可感染。

2.症状 首先出现头颈部肌肉强直，并伴有采食、咀嚼、吞咽、反刍及运动障碍，两眼呆滞，瞳孔散大，第三眼睑麻痹。随着病势的加重，四肢强直，运动强拘，牙关紧闭，不能采食和饮水，四肢开张，作强硬站立姿势，如驱赶运动则易跌倒不能站立。全身或局部不时作阵发性收缩。当受到外界刺激如音响或触摸时，病鹿极度惊恐，痉挛明显加剧。如不及时治疗，多以死亡而告终。

3.病变 无特征病变。

（二）防治措施

1.预防 减少外伤，并每年定期注射一次破伤风类毒素疫苗。一旦发现外伤应及时清创处理，除掉坏死组织、脓汁、异物等，用3%的过氧化氢、0.1%的高锰酸钾溶液冲洗，注射破伤风抗毒素血清。在锯茸、打耳号或外科手术时，应先注射破伤风抗毒素血清。

2.治疗 对病鹿要精心护理，最好安置在单圈内，尽量避免外界刺激。圈内要铺上垫草，病鹿不能站立时，每天至少2次翻转体躯。及时用破伤风抗毒素皮下、静脉同时注射，每只鹿20万～30万单位（静脉注射和皮下注射各占一半），并静脉注射20%的硫酸镁50毫升，5%的葡萄糖生理盐水2 000毫升，20%的乌洛托品100毫升，直肠灌注5%的水合氯醛。当出现肺炎时可注射青霉素治疗。

鹿亚硝酸盐中毒

关键技术

诊断：本病的特点为采食后1～2小时突然发病，呕吐、口吐白沫。剖检可见胃底黏膜充血、出血或脱落。

防治：严禁用发霉和腐烂的青饲料及块根饲料饲喂是预防本病的关键；其特效解毒药为美蓝。

鹿亚硝酸盐中毒是一种急性中毒病，以呼吸困难、肌肉震颤、全身蓝紫、流涎和四肢麻痹为特征。

（一）诊断要点

1.病因　在各种新鲜青草及叶菜类饲料中都含有硝酸盐，如果这类饲料堆放过久，特别是经过雨水淋湿或烈日暴晒，或采食未成熟的大麦、冻的甜菜及腐烂青草等。在瘤胃微生物作用下，硝酸盐还原成亚硝酸盐，使血红蛋白变为高铁血红蛋白，导致呼吸困难引起中毒。

2.症状　多于采食后1～2小时突然发病，病鹿呈现不安，呼吸困难，可视黏膜发绀，体温正常或偏低，起卧不安，流涎和口吐白沫，四肢和耳尖发凉、抽搐和麻痹，最后死于窒息。

3.病变　腹部膨满，口鼻呈暗色，血液暗红，凝固不良。胃底部黏膜充血、出血或黏膜脱落，肠系膜淋巴结出血。肺充血，气管和支气管黏膜充血、出血。心外膜和心肌有出血点。

（二）防治措施

1.预防　青绿饲料严禁堆放，要摊开晾晒干。当青饲料和多汁的块根饲料发霉和腐烂时，不能喂鹿。对可疑的饲料要进行亚硝酸盐检验。

2.治疗　静脉注射2%美蓝溶液，每千克体重0.5～1.0毫升。美蓝的配制方法为：称取美蓝2克，溶于10毫升无水乙醇中，加生理盐水至100毫升，过滤后灭菌。同时配合维生素C和高渗葡萄糖溶液效果更好。

鹿黄曲霉毒素中毒

关键技术

诊断：本病的主要特征为腹泻，孕鹿发生流产或早产。剖检可见肝肿大，胃和小肠黏膜充血、出血。

防治：严禁用发霉变质的饲料喂鹿是预防本病的关键，目前无解毒药。

（一）诊断要点

1.病因　多数由于鹿采食了被霉菌侵害的饲料所致。我国南方气候温暖，空气潮湿，故本病尤为多见。

2.症状　采食霉变饲料后中毒的主要特征为急性胃肠炎。初期表现食欲减退，精神沉郁，反刍停止，有腹痛症状（如站立时呈拘紧姿势，卧地打滚等）。粪便呈黄色粥样，混有大量的黏液，腥臭，严重病例便中带血或出现痉挛和麻痹症状。孕鹿发生流产或早产。大多数病鹿体温无明显变化，有时体温往往偏低。

3.病变　前胃、真胃和小肠黏膜充血、出血，肠内有出血性内容物。肝肿大、黄染和质脆。肾质脆，髓质出血。

（二）防治措施

1.预防　注意饲料的贮存，防止发霉变质。对疑似发霉变质的饲料严禁喂鹿，严重霉变的饲料只能废弃。轻度发霉饲料可磨成粉，加入3倍的清水浸泡，反复换水直至无色，再与其他精料配合喂饲。

2.治疗　黄曲霉中毒目前还没有解毒药。确认为本病时，首先应停喂可疑饲料，换以新鲜饲料。对病鹿静脉注射25%的葡萄糖，同时注射维生素C和维生素K，每天1次，连用3～7天。

鹿肝片吸虫病

关键技术

诊断：病鹿表现的症状只是消化不良、消瘦和贫血等一般症状，因此，诊断本病的关键是实验室进行粪便检查发现肝片吸虫虫卵，或剖检在肝脏或胆管发现肝片吸虫的虫体，无条件的可采取诊断性驱虫。

防治：预防本病的关键是给鹿定期驱虫、灭螺和加强饲养管理。鹿一旦发病，立即用肝蛭净等药物治疗，同时喂给鹿容易消化的饲料。

鹿肝片吸虫病是由肝片吸虫和大片吸虫所引起的一种寄生虫病，以肝

片吸虫为主，寄生于鹿的肝脏、胆管中，本病以慢性肝炎和胆管炎、慢性营养不良与中毒为主要特征。肝片吸虫背腹扁平，形如树叶，淡红色。成虫排出的虫卵随胆汁到鹿的消化道，然后随鹿粪便排到外界。卵呈长卵圆形，黄色或黄褐色，前端较窄，后端较钝，卵内充满卵黄细胞和一个胚细胞。卵对热比较敏感，粪便堆积发酵就可把虫卵杀死。

（一）诊断要点

1.流行特点 各种年龄的鹿都能感染，但幼年鹿感染后发病率和死亡率都高。本病是在我国分布最广泛、危害最严重的寄生虫病之一。病鹿和带虫鹿是本病的感染源，虫卵随它们的粪便排出体外，虫卵在适宜的外界环境进一步发育。如在有氧气、光线，特别是必须有水的温暖环境下，虫卵开始发育并孵化出毛蚴，毛蚴进一步钻入淡水螺体内，在此螺体内经过几个阶段的发育以后，最终发育成尾蚴，然后尾蚴从螺体内逸出，在水面上或水生植物上形成囊蚴，当鹿饮水或吃草时，囊蚴被鹿吃到体内后开始发育、移行，最终在肝脏、胆管发育成成虫寄生下来。成虫在动物体内可生存数年。

虫卵的发育，毛蚴和尾蚴的游动及淡水螺的存活与繁殖都与温度和水有直接关系，它们都喜欢有水的温暖环境，因此，本病在多雨年份，特别是在久旱逢雨的温暖季节可促使其暴发流行。由于各地气温不同，发病季节我国南方和北方不同，北方地区多发生于气候温暖、雨量较多的夏秋季节；而南方地区，由于雨水充沛、温暖季节较长，因而感染季节也较长，不但在夏秋季节，而且在冬季也可感染。

2.症状 寄生数量不多时，一般缺乏明显临床症状；寄生数量多时，临床上可见食欲不佳、反复腹泻、消瘦、贫血、被毛粗乱和生产力下降。

3.病变 肝脏凹凸不平，部分肝小叶萎缩，胆管扩张、增厚、变粗并充满黏稠的胆汁和虫体。剖检时，如果在肝脏或胆管发现肝片吸虫的虫体即可确诊。生前诊断用水洗沉淀法进行粪便检查发现肝片吸虫的虫卵就可确诊，具体方法如下：

采集新鲜鹿粪（最好直肠采粪）放入烧杯中，加20倍清水，搅匀成粪液，通过40~60目（3~4层纱布）铜筛过滤，滤液收集于三角烧瓶或烧杯中，静止沉淀20~30分钟（或用离心机500转/分离心5分钟）后，倒去上清液，保留沉渣，再加水混匀，再沉淀，如此反复操作直到上层液体透明后，用吸管吸取一小滴沉渣放在载玻片上，盖上盖玻片，放在显微镜下检查。

4.诊断性驱虫　由于本病缺乏典型的临床症状，因此仅靠临床症状无法与其他病区别开，可根据粪便检查发现肝片吸虫的虫卵或剖检发现虫体即可确诊。若无实验室条件或无死亡的鹿，又不愿解剖活鹿，可进行诊断性驱虫，即用肝蛭净等杀虫药给鹿驱虫，如能治好即可确诊。

（二）防治措施

1.预防　根据流行病学特点，预防本病的关键是采取综合防治措施。

（1）定期驱虫：驱虫的次数和时间可根据流行区的具体情况而定，在我国北方地区，每年应进行2次驱虫，一次在秋末冬初由放牧改为舍饲，即收牧后进行，此时驱虫的好处，一方面在鹿舍内，鹿排出的粪便能集中收集起来，进行堆积发酵，将虫卵杀死，这样就不会污染牧场；另一方面是将鹿体内的虫体驱净后，可增强鹿的体况，使鹿能很好的越冬。另一次驱虫是在冬末春初由舍饲改为放牧之前，即放牧前进行，此时驱虫也是粪便好集中处理，以防将病原散布于牧场。南方因终年放牧，每年可进行3次驱虫。急性病例可随时驱虫。在同一牧场放牧的鹿最好同时都驱虫，尽量减少感染源。

（2）灭螺：灭螺是预防肝片吸虫病的重要措施。可结合农田水利建设，草场改良，填平无用的低洼水潭等措施，以改变螺的滋生条件。此外，还可用化学药物灭螺，如施用1∶50 000的硫酸铜，2.5毫克/升的血防67及20%氨水均可达到灭螺的目的。如牧地面积不大，也可饲养家鸭，消灭螺。

（3）加强饲养卫生管理：选择在高燥处放牧；鹿的饮水最好用自来水、井水或流动的河水，并保持水源清洁，以防污染。

从流行区运来的牧草必须经过处理后，再饲喂舍饲的鹿。

2.治疗　鹿一旦发病，应立即用药治疗，目前治疗肝片吸虫的药物较多，各地可根据药源和具体情况加以选择。最好是选用对成虫和幼虫都有效的药物。

（1）三氯苯唑（肝蛭净）：8～12毫克/千克体重，一次口服，对成虫和幼虫都有杀灭作用。

（2）丙硫咪唑（抗蠕敏）：10～15毫克/千克体重，一次口服，对成虫和幼虫有效。

（3）硝氯酚（别丁）：粉剂，4～5毫克/千克体重，一次口服。针剂，0.75～1.0毫克/千克体重，深部肌肉注射，适用于慢性病例，对幼虫无效。

鹿莫尼茨绦虫病

关键技术

诊断：诊断本病的关键是病鹿表现消化不良、慢性臌气、消瘦，有时出现转圈等神经症状。在粪便中发现绦虫节片，特别是在清晨检查鹿舍中的新鲜粪便时。

防治：防治本病的关键是给鹿定期驱虫和科学地实施放牧。鹿一旦发病，立即用灭绦灵等药物治疗，同时喂给鹿容易消化的饲料。

鹿莫尼茨绦虫病是由扩展莫尼茨绦虫和贝氏莫尼茨绦虫寄生于鹿的小肠所引起的一种寄生虫病。虫体呈乳白色，大型带状，长1～6米，虫体脱落的节片或虫卵随鹿的粪便排出体外。卵呈四角形、三角形或不正圆形，卵内含有特殊的梨形器，形似电灯泡样。进行粪便堆积发酵即可将虫卵杀死。

（一）诊断要点

1.流行特点 莫尼茨绦虫需要地螨作为中间宿主。随鹿粪便排到外界的孕节或虫卵被地螨吞食后，在地螨体内发育到具有感染性的幼虫，当鹿吃草或啃泥土时将含虫的地螨吞食，幼虫在鹿的小肠内发育成成虫。成虫在肠道内存活2～6个月，以后就自肠内自行排出体外。

地螨主要生活在阴暗潮湿有丰富腐殖质的林区、草原或多灌木林的牧地上，性喜温暖和潮湿。地螨以细菌芽孢、虫卵和绦虫节片等为食。能根据地面的温度、湿度及光线强弱而沿牧草上下爬行，当地温高、湿度低而有强光时，便离开牧草向下爬行，甚至可钻入土壤内4.5厘米深处，当牧草湿润，外界昏暗时再爬上牧草。因此，鹿在清晨及雨后采食低湿地牧草或早春未开垦过的地梗嫩草时，最容易吃到地螨而感染本病。

2.症状 莫尼茨绦虫主要感染幼年鹿，严重感染时可出现消化不良、便秘、腹泻、慢性臌气、贫血、消瘦，最后衰竭死亡。有时出现神经症状，呈现抽搐和痉挛及转圈等症状。有的由于大量虫体聚集成团，引起肠阻塞、肠套叠、肠扭转，甚至肠破裂而导致死亡。

3.病变　死后剖检见小肠内有带状绦虫。生前检查粪便中的绦虫节片，特别是在清晨观察新鲜粪便，如在粪表面发现黄白色、圆柱形，长约1厘米，厚达0.2～0.3厘米的孕卵节片即可确诊。或用饱和盐水漂浮法检查粪便，如能发现大量莫尼茨绦虫卵也可确诊。

（二）防治措施

1.预防

（1）定期预防性驱虫：首选药物是丙硫咪唑，大面积驱虫，剂量为5～6毫克／千克体重，口服投药后灌服少量清水。驱虫前应禁食12小时以上，驱虫后留圈不少于24小时，以免污染牧地。驱虫时间和次数同鹿肝片吸虫。驱虫时，为了防止长期应用一种药产生抗药性，连续使用3年后可与吡喹酮交替使用，剂量为12毫克／千克体重，也可应用硫双二氯酚，剂量为60～80毫克／千克体重。

（2）科学地实施放牧：合量的调整放牧时间，为避开清晨地螨数量高峰，夏秋一般以太阳露头，牧草上露水消散时进入牧地，冬季、早春由于地螨钻入腐殖层土壤中越冬，因此，可按常规时间放牧。充分利用农作物茬地和耕翻地放牧，逐渐扩大人工牧地的利用，建立科学的轮牧制度。

2.治疗

（1）灭绦灵（氯硝柳胺）：按每千克体重50～70毫克，一次投服。

（2）羟溴柳胺：每千克体重50～60毫克，一次口服。

鹿子宫内膜炎

关键技术

诊断：本病的主要特征是体温升高，从阴门排出灰白色或脓性分泌物，严重者排粉红色分泌物。

防治：加强饲养管理，搞好环境卫生是预防本病的关键措施。治疗宜反复冲洗和消炎。

鹿子宫内膜炎是子宫黏膜的急性黏液性或化脓性炎症。该病可导致母鹿空怀和流产。

（一）诊断要点

1.病因 圈舍卫生不良，产后母鹿卧地时阴道被感染；配种、分娩及助产时，子宫黏膜受到损伤，被某些致病菌感染；胎儿腐败，产生有毒物质，刺激子宫发炎。

2.症状 病鹿拱背、努责，从阴门排出灰白色或脓性分泌物，严重者排粉红色分泌物。体温升高，精神沉郁，反刍停止，子宫颈稍开张，子宫颈外口肿胀、充血，子宫角增大，子宫收缩减弱。

（二）防治措施

1.预防 保持圈舍卫生，定期消毒。助产时应严格消毒，对产前母鹿细心观察，一旦确诊为死胎时要及时助产。助产后要对母鹿及时注射抗生素，以控制感染。

2.治疗 先用1%的温盐水反复冲洗子宫，直至排净不洁物为止，然后向子宫内注入含青霉素、链霉素各50万～100万单位的30～50毫升生理盐水，每天冲洗1次，连续4～5天。对于炎症持续时间较长的慢性病例，可先用3%的盐水冲洗子宫，然后再以加双抗的生理盐水冲洗，每天1次，连续2～3天。当阴道排出物恶臭时，用0.1%的高锰酸钾溶液冲洗2～3次。

在冲洗子宫治疗时，要结合全身疗法，肌肉注射青霉素、链霉素，每天1次，连续6天。

鹿食毛症

关键技术

诊断：本病的特征为病鹿喜啃食异物，逐渐消瘦。剖检可见真胃中有毛团。

防治：饲喂全价饲料是预防本病的关键。治疗宜疏通胃肠道。

本病多发于冬季饲养的鹿群，母鹿和子鹿多发。

（一）诊断要点

1.病因 饲料中长期缺乏必需的维生素和微量元素，引起鹿新陈代谢紊乱、消化机能障碍而发病。

2.症状　病初表现舔墙，吞食异物，舔粪尿，更喜舔被粪尿污染的鹿腿部及其被毛。随病程的进展，个别鹿啃咬其他鹿皮毛，食欲减退或废绝，反刍弱或停止。喘气有酸臭味。本病多呈慢性经过，病鹿逐渐消瘦，背毛无光并残缺不全，精神沉郁，结膜苍白，消化紊乱。

3.剖检变化　胃肠道中有大小不等数量不一的毛团，毛团在真胃中最多，堵塞部位多为幽门窦，其次是小肠腔内。

（二）防治措施

1.预防　合理调配饲料，防止偏饲，饲料种类要多样化，根据鹿的营养标准，饲料中要适当添加矿物质和多种维生素，能有效地预防该病的发生。

2.治疗　应先疏通胃肠道，再进行补饲。

（1）将硫酸钠（或硫酸镁）200～300克溶于2 000～3 000毫升常水中一次灌服。

（2）对病鹿饲喂食盐30克，南京石粉20克，氯化钴30毫克，硫酸钾5毫克，硫酸铁1 500毫克，硫酸铜100毫克，氯化锰10毫克，成年鹿每头每天1次，6周为一个疗程。如未治愈，中间停药2周再用药一个疗程。

鹿急性瘤胃臌气

关键技术

诊断：鹿采食后不久，瘤胃内产生大量气体，导致瘤胃膨胀。

防治：限制易发酵饲料喂量是预防本病的关键，治疗宜抑制发酵，缓解症状。

鹿急性瘤胃臌气是由于一时采食大量易发酵的饲料，在瘤胃内细菌的作用下迅速产生气体，引起急剧膨胀。成年鹿和子鹿都可发生，如发现不及时，多转归死亡。

（一）诊断要点

1.病因　经过一个较长时间的干草期或长期饲料不足之后，突然喂以大量青草、薯藤、豆饼、甜菜、甘薯、浸泡过的黄豆、豆腐渣等；食用发霉变质或堆积发热的饲料；食道梗塞，瘤胃积食也可促发本病。

2.症状 本病多表现于采食后数小时突然发病，腹围显著增大，反刍、采食和嗳气完全停止。病鹿弓背，举尾，烦躁不安，可视黏膜呈蓝紫色，眼角膜充血，血管怒张，眼球突出，以手触腹壁可感知有弹性，拳压时无痕迹，敲打瘤胃时有鼓音，常表现出呼吸极度困难，体温一般正常，多死于窒息和脑溢血。

（二）防治措施

1.预防 限制易发酵饲料喂量；禁喂霉败变质饲料；在豆科植物地区放牧，应防止鹿群贪吃。

2.治疗 为排出胃内气体及制止继续发酵，可进行瘤胃按摩，促进嗳气。同时，可灌服鱼石脂10～15克，水300～500毫升。急症或重症者可用套管针穿刺瘤胃放气，放气时宜慢，切忌一次性放完，应间歇进行，同时静脉注射5%的葡萄糖生理盐水2 000毫升。当瘤胃臌气消除后，可给少量人工盐轻泻，以排出胃内积食，病愈后2～3天内要减食，暂时不给精料，可喂以少量青饲料，以后逐渐恢复正常。

子鹿肺炎

关键技术

诊断：本病的主要特征为体温升高到41℃以上，鼻孔流出浆液性鼻汁，咳嗽，呼吸困难，剖检可见两侧肺的心叶及尖叶有炎性病灶。

防治：加强饲养管理，搞好环境卫生，防止感冒是预防本病的关键，抗生素治疗有效。

子鹿肺炎多发生于初生或哺乳期的子鹿。如发现和治疗不及时，常导致子鹿死亡。

（一）诊断要点

1.病因 在大多数情况下，子鹿的肺炎是一种激发疾病。如上呼吸道炎、气管炎与支气管炎、沙门氏菌及大肠杆菌感染等都可激发该病。此外，体弱的鹿，由于机体抵抗力降低，上呼吸道的正常寄生菌可大量繁殖并增强其毒力，导致肺炎的发生。

2.症状 病鹿精神沉郁，鼻镜干燥，被毛粗乱，不爱活动，吃乳次数减少，体温升高到41℃以上，鼻孔流出浆液性鼻汁，咳嗽，呼吸困难，鼻翼扇动。肺部听诊时，初期及中期为湿性罗时，后期为干性罗音。

3.病变 子鹿两侧肺的心叶及小尖叶出现炎性病灶，病灶呈淡红色、暗红色或灰黄色不一，切面常有稍混浊无色带泡沫的浆液性脓性渗出物。有些病例还可见到呈地图样分布、松脆的灰黄色坏死灶。喉头、气管及支气管黏膜充血，气管内有渗出物。

（二）防治措施

1.预防 加强饲养管理，提高子鹿的抗病能力；搞好环境卫生，勤换垫草保持干燥；在气候骤变时，防止感冒。

2.治疗 可使用青霉素100万单位和链霉素100万单位，一次肌肉注射，每天2次，3～6天为一疗程。或用硫酸卡那霉素注射液20万～30万单位，一次肌肉注射，每天2次。或用10%磺胺嘧啶钠注射液10～20毫升，5%的葡萄糖生理盐水300～500毫升，一次静脉注射，每天2次。

子鹿佝偻病

关键技术

诊断：本病的主要特征为轻者表现跛行，弓腰，采食量少，消瘦和发育落后。有的病鹿表现异嗜，进而出现消化不良和长期的腹泻。重症时，关节肿大变粗，前肢呈内弧形，后肢呈“八”字形。剖检可见骨干变形。

防治：注意日粮的钙磷平衡及维生素D的含量是预防本病的关键措施，治疗宜补充钙、磷及维生素D。

子鹿佝偻病是子鹿在生长发育过程中，因维生素D不足，钙、磷缺乏或比例失调而引起的一种骨变形疾病。

（一）诊断要点

1.病因 母鹿怀孕期和泌乳期、子鹿生长发育期，饲料内钙、磷含量不足或两者比例不当，精料饲喂过多，粗饲料如树叶、干草喂量不足，或饲料中蛋白质不足或过多。此外，慢性消化不良，维生素D不足或缺乏，运动量少和光照不足都可促进本病的发生。

2.症状 病初精神不振，食欲减退，消化不良，反刍减少，站立困难。轻症者表现跛行，弓腰，消瘦和发育落后。有的病鹿啃墙壁、饲槽、泥土，喜吃污秽不洁的粪球、垫草、砖头渣等，进而出现消化不良和长期的腹泻。重症时，关节肿大变粗，前肢呈内弧形，后肢呈“八”字形。

3.病变 剖检可见骨端肥厚，骨干变形。肋骨端部有念珠状隆起。骨端的软骨严重增生。有的病例关节囊有淡红色的液体。骨骼肌苍白而疏松。

（二）防治措施

1.预防 在母鹿妊娠期、哺乳期应给予含维生素多的青绿饲料，饲料要全价，防止饲料单一和突然变换。在子鹿的日粮内应含丰富的钙磷，且比例合理，同时，还应注意定量补加维生素D。此外，要加强放牧运动和增加光照。

2.治疗 可用磷酸氢钙5～10克、骨粉或贝壳粉10～20克，每日混食喂给。也可口服鱼肝油或肌肉注射维丁胶性钙5～10毫升。

四、香猪疾病

猪瘟

关键技术

诊断： 急性型表现高温稽留，病初便秘，后腹泻，在毛稀皮薄处出现大小不等的红点或红斑，指压不退色，剖检可见脾脏的边缘有紫黑色突起（出血性梗死），此病变有诊断意义；慢性型表现体温时高时低，便秘与腹泻交替发生，最后衰竭死亡，剖检可见回肠末端、盲肠，尤其是回盲口，有许多扣状溃疡，这是慢性猪瘟的特征性病变。

防治： 定期注射猪瘟疫苗，同时搞好环境卫生是预防本病的关键，治疗宜抗病毒消炎。

猪瘟又称“烂肠瘟”，是由猪瘟病毒引起猪的一种高度传染性和致死性的传染病，其遍布于世界各地，传染性强，发病率高和死亡率高，故常使养猪业造成巨大损失。

（一）诊断要点

1.流行特点　在自然条件下，仅猪感染发病，各品种、年龄、性别的猪都可感染，一年四季均可发生。病猪是最主要的传染源，强毒感染猪在发病前即可从口、鼻、眼分泌物、尿及粪中排毒，并延续整个病程。若感染妊娠母猪，则病毒可侵袭子宫内胎儿，造成死产或产出后不久弱子即死去，分娩时排出大量病毒，而母体本身无明显症状。如果这种先天感染的胎儿正常分娩，且子猪健活数月，则可成为散布病毒的传染源。

本病在新疫区常呈急性暴发，发病率、死亡率都很高。在老疫区或注射过猪瘟疫苗的单位或地区，可呈零星散发。近年出现了“温和型”猪瘟，其流行慢，症状轻微，病变不典型，但致死率很高。

2.症状 按病程可分为四种类型。

（1）最急性型：发病急，死亡快，主要呈现急性败血症。

（2）急性型：病猪体温升高并持续在40～42℃，表现寒战、倦怠，垂头弓背，结膜潮红，有大量黏性或脓性眼分泌物，甚至将两眼粘封。在腹下部、耳根、四蹄、嘴唇等毛稀皮薄处出现大小不等的红点或红斑，指压不退色。病初便秘，粪便呈干硬的球状并带有黏液，后转为腹泻，排出灰褐色稀粪。公猪的包皮积尿，用手挤压时有恶臭混浊的液体射出。幼龄猪，特别是哺乳子猪，主要表现神经症状，如磨牙、痉挛、转圈运动等，如此反复几次后，常以死亡告终。

（3）慢性型：多为急性转来，体温时高时低，食欲时好时坏，消瘦、贫血，便秘与腹泻交替出现，皮肤常发生大片紫红斑或坏死痂。症状较轻的康复后，往往生长发育不良，成为“僵猪”。

（4）温和型：此型病猪近年发生较多，临床症状轻微，不典型，病情缓和，病程较长，但死亡率仍较高。断奶后的子猪及架子猪发病较多。常见于猪瘟预防接种不及时的猪群。

3.病变 最急性型除见某些浆膜、黏膜或内脏有少数出血点外，大多无典型的病理变化。

急性猪瘟主要呈现败血症变化，有诊断价值的病变是：全身淋巴结，尤其肠系膜淋巴结肿大，外表呈暗红色，中间有出血条纹，切面呈红白相间的大理石样外观。喉头黏膜、胃底黏膜和小肠黏膜出血。肾脏色彩变淡，皮质部有数量不等的小出血点（雀卵肾）。膀胱黏膜有出血斑或弥漫性出血。脾的边缘或尖端可见到暗紫色的坏死斑块，似米粒大，质地较硬突出于被膜表面，称为“出血性梗死”，此为猪瘟特有病变。

慢性型猪瘟，除有上述某些轻微变化外，其特征性的病变是在盲肠、结肠及回盲口处黏膜上形成同心轮层状的扣状溃疡。

温和型猪瘟常见不到上述典型病变或很轻微，仅在口腔、咽喉部出现坏死等病变，给诊断带来困难。妊娠母猪感染弱毒后，流产的胎儿水肿、皮肤出血和小脑发育不全。

4.鉴别诊断 在诊断中应注意与以下几种疾病相区别。

（1）急性猪丹毒：多发生于夏天，以3～12月龄的猪易感，发病急，突然死亡。体温高，但仍有一定食欲。皮肤上有蓝紫斑，指压退色。眼睛明亮有神，步态僵硬，死后剖检，胃底部和小肠有严重的出血性炎症，脾肿大，呈樱桃红色，淋巴结和肾淤血肿大。青霉素等治疗有显著疗效。

（2）最急性猪肺疫：一般零星发生，且气候和饲养条件巨变时多发。咽喉部急性肿胀，呼吸困难，自口鼻流泡沫样带血的鼻汁，常窒息而死。剖检肺充血、水肿，抗菌药物治疗有一定疗效。

（3）猪副伤寒：主要发生于1～4月龄子猪，一般呈散发。急性病例病程仅数天，慢性病例呈顽固性下痢。剖检脾肿大，暗紫色；肝实质内有黄色或灰白色小坏死点；大肠壁增厚，黏膜显著发炎，表面粗糙，有大小不一，边缘不齐的坏死灶，可与猪瘟区别。

（4）弓形虫病：常发生于6～8月，幼猪最易感。本病呼吸高度困难，流水样或黏液性鼻汁，孕猪流产。剖检见肺水肿，脾肿大，肝有散在出血点和坏死灶。磺胺类药物治疗有效，可区别于猪瘟。

（5）败血性链球菌病：本病多见于子猪。除有败血症状外，常伴有多发性关节炎和脑膜脑炎症状。剖检见各器官充血、出血明显，脾肿大。有神经症状的病例，脑和脑膜充血、出血，脑脊液增量、混浊，脑实质有化脓性脑炎变化。抗菌药物治疗有效。

（二）防治措施

1.平时预防措施 坚持自繁自养，防止引入病猪，加强饲养管理，定期消毒，切断传播途径，同时执行科学的免疫程序是预防猪瘟发生的重要环节。关于免疫程序的时间，目前尚无统一做法，现提供几种程序供参考。

（1）超前免疫，在子猪吃初乳前，接种疫苗2～3毫升，经1～2小时后再自由哺乳，2月龄时再免疫1次。此程序适合于哺乳子猪发生过猪瘟的单位和地区。

（2）20日龄首免，接种剂量为常规剂量的3～4倍，60日龄进行第二次免疫。选用的后备种猪在配种前做第三次免疫。此种免疫程序适合于发生过猪瘟或受猪瘟威胁的地区和单位。

（3）56～60日龄给猪免疫，接种剂量为常规剂量的3～4倍。此种免疫程序适合于无猪瘟流行或不受猪瘟威胁的地区和单位。

2.发病时应急措施 一旦发生猪瘟时，应立即对猪场进行封锁，捕杀病猪。急宰病猪的血液、内脏和污物等应焚烧、深埋，肉经煮熟（切成小块，煮沸2小时以上）可供食用。疫区内的假定健康猪和受威胁的猪，应立即注射猪瘟兔化弱毒疫苗，剂量可增至常规剂量的6～8倍，但应特别注意防止注射器械的传染，最好病、健猪分开使用，一头猪换一针头。

3.治疗 发病早期，应用抗猪瘟高免血清25毫升，硫酸庆大霉素肌肉注射，用量2~4毫克/千克体重每日1次，连用2～3次，可获得良好效果，但代价较高。

猪丹毒

关键技术

诊断：据临床特征可分为三种类型。最急性型呈败血症症状；亚急性型在皮肤上出现紫红色疹块；慢性型则发生心内膜炎和关节炎。

防治：参见猪瘟的预防措施，治疗宜抗菌消炎。

猪丹毒俗称“打火印”，由猪丹毒杆菌引起，是主要发生于香猪的一种传染病。该病也可感染人。

（一）诊断要点

1.流行特点 不同年龄的香猪均可感染，但2～10月龄的猪易感性最强。病猪和带菌猪是主要传染源。本病主要通过污染的土壤、饲料经消化道感染，其次是皮肤创伤感染，带菌猪在抵抗力下降时发生内源性感染。该病夏季多发，呈地方性流行或散发。

2.症状 据临床特征可分为三种类型。

（1）急性型（败血症型）：见于流行初期，个别病例无任何症状而突然死亡。多数病猪体温升高到42～43℃，寒战、减食或有呕吐，常躺卧地上，不愿走动，一旦唤起，有意外的活动力，行走时步态僵硬或跛行，似有痛感，站立时背腰拱起。结膜潮红，眼睛明亮有神，粪便干硬附有黏液，有的后期发生腹泻。发病1～2天后，可在胸、腹、四肢内侧和耳部皮肤上出现大小不等的红斑，指压退色，指去复原。病程2～4天，死亡率达80%～90%。

（2）亚急性型（疹块型）：其特征是在胸、腹、背、肩、四肢等处出现大小不一、方形、菱形或圆形淡红色至紫红色的疹块，界限明显，稍隆起，少则几个，多则数十个。大部分病猪随着疹块的出现，体温下降，病情减轻，疹块颜色逐渐消退，隆起部下陷，最后形成干痂，脱落自愈。少数病例，许多小疹块融合形成大块皮肤坏死，不脱落，似龟壳，剥落后形成瘢痕。疹块型猪丹毒常取良性经过，经1～2周而恢复。

（3）慢性型：一般由前两型转来，常见有浆液性纤维素性关节炎、疣状心内膜炎和皮肤坏死，前两种往往在一头猪身上同时存在，后种多单独发生。关节炎常发生于腕关节和跗关节，患病关节肿胀、疼痛、僵硬，步态强拘，甚至发生跛行。疣状心膜炎表现呼吸困难，心跳增数，听诊有心内杂音。强迫快速行走时，可突然倒地死亡。皮肤坏死常发生于耳、肩、背、尾及蹄，局部皮肤变黑，干硬如皮革样，最后脱落，留下淡色瘢痕，不长毛。

3.病变 急性型皮肤上呈弥漫性蓝紫色。脾脏充血肿大，呈樱桃红色。肾脏淤血肿大，皮质和实质内密布针尖大的出血点。胃和十二指肠充血、出血。亚急性型皮肤上有特异性疹块，内脏变化较急性型轻。慢性型在心脏房室瓣上有菜花样疣状物，其次是关节肿大，在关节腔内有纤维素性渗出物。

4.鉴别诊断 亚急性型和慢性型猪丹毒各有其特征症状，易与其他病区别开，但急性猪丹毒病例应注意与猪瘟、猪肺疫、猪副伤寒、猪败血型链球菌病相区别，可参考猪瘟的鉴别诊断。

（二）防治措施

发生猪丹毒后，应立即隔离病猪，死猪深埋或焚烧。与病猪同群的未发病猪，用青霉素进行紧急注射，待疫情扑灭和停药后，彻底进行一次大消毒，并注射菌苗，巩固防疫效果。对慢性病猪及早淘汰，以防止带菌传染。

在发病后24～36小时内治疗，有显著效果。该病的首选药物是青霉素，对急性型最好首先按1万单位／千克体重静脉注射，同时用常规量肌肉注射，即20千克以下的猪用20万～40万单位，20～50千克的猪用40万～100万单位，50千克以上的猪酌情增加。每天肌肉注射2次，直至体温和食欲恢复正常。值得注意的是，经过治疗后，体温下降，食欲和精神好转时，仍需继续注射2～3次，巩固效果，防止复发或转为慢性。也可用链霉素、庆大霉素、洁霉素等肌肉注射。

对于亚急性猪丹毒采用穿心莲注射液亦有良好效果，用法为一次肌肉注射10～20毫升，每天2～3次，连用2～3天。

对于猪丹毒后期，体温正常，便干不食的病猪，可采用下列处方：柴胡15克、山楂30克、芒硝60克、麦芽20克、陈皮15克、神曲30克、苍术15克、甘草9克、木通9克、大黄30克、白术15克，水煎喂服，每天一剂，连服2～3剂。

猪肺疫

关键技术

诊断：本病的特征为败血症、咽喉及其周围组织急性炎性肿胀或肺、胸膜的纤维蛋白渗出性炎症。

防治：加强饲养管理，改善生活条件，消除减弱猪抵抗力的一切外界因素，同时按免疫程序注射疫苗，从而预防本病的发生，治疗宜抗菌消炎。

猪肺疫又称“猪巴氏杆菌病”、“锁喉风”，是由特定血清型的多杀性巴氏杆菌引起的急性散发性传染病。该病分布广，常继发于其他传染病，加重病情，引起较大经济损失。

（一）诊断要点

1.流行特点　大小猪均有易感性，小猪和中猪的发病率较高。病猪和健康带菌猪是主要传染源。本病主要经消化道和呼吸道传播，吸血昆虫叮咬，皮肤黏膜损伤也可发生感染。带菌猪抵抗力降低时，可发生自体内源性感染。

2.症状 据病程可分为三种类型。

（1）最急性型：呈现败血症症状，常突然死亡。病程稍长的，体温升高到41℃以上，咽喉部有坚硬的热痛性肿胀，严重时可波及耳根及颈部。病猪呼吸高度困难，张口呼吸，黏膜呈蓝紫色，口鼻流出泡沫样液体，呈犬坐姿势。病死率常为100%，病程1～2天。

（2）急性型：是本病主要病型，主要呈现纤维素性胸膜肺炎症状，败血症症状较轻。病初体温升高，发生干咳，有鼻液和脓性眼屎。先便秘后腹泻。后期皮肤有紫斑。病程4～6天。

（3）慢性型：多见于流行后期，表现慢性肺炎和慢性胃肠炎症状。病猪持续性咳嗽，呼吸困难，食欲不振，体温时高时低，渐进性消瘦，有的出现关节肿胀、皮肤湿疹。大多因衰竭而死。

3.病变 主要病变在肺脏。

（1）最急性型：常见咽喉部及其周围组织有出血性胶冻样浸润，皮下组织可见大量胶冻样液体，全身淋巴结肿胀，切面弥漫性出血。肺充血、出血。

（2）急性型：主要是纤维素性胸膜肺炎变化。气管、支气管内有大量泡沫黏液，肺有大小不等的肝变区，切开肝变区，有的呈暗红色，有的呈灰红色，肝变区中央常有干酪样坏死灶。肺小叶间质增厚，充满胶冻样液体。胸膜有纤维素性附着物，胸膜与病肺粘连。胸腔及心包积液。

（3）慢性型：病猪极度消瘦，肺组织大部分发生肝变，并有大块坏死灶。肺、肋及胸膜粘连。胸腔内常积有大量黄色的混浊液体。

4.鉴别诊断 与猪瘟、猪丹毒的区别见猪瘟部分。此外，还应注意与急性咽喉型炭疽、猪传染性胸膜肺炎、猪气喘病相区别。

（1）急性咽喉型炭疽：猪很少发生急性炭疽。咽喉型炭疽虽亦有咽喉部急性炎性肿胀，但肺部无明显的炎症病变，且脾脏肿大。而最急性猪肺疫有肺水肿及各期肝变等病变，但脾脏无明显变化。

（2）猪传染性胸膜肺炎：猪急性传染性胸膜肺炎病例，肺炎多为两侧性，肺炎肝变区呈一致的紫红色。而急性猪肺疫常见咽喉部肿胀，皮肤、浆膜及淋巴结有出血点，肺炎区常红色肝变区和灰色肝变区混合存在。

（3）猪气喘病：多发生于哺乳子猪和刚断奶的幼猪。病猪主要表现咳嗽、气喘，但体温和食欲无大变化。剖检时，肺炎病变呈胰样或肉样，界限明显，两侧肺叶病变对称，无化脓和坏死趋势。肺门淋巴结肿大，断面湿润呈黄色，依此即可区别。

（二）防治措施

病猪应在隔离条件下治疗。疗效最好的抗生素是庆大霉素，其次是四环素、氨苄青霉素、青霉素等，但巴氏杆菌可产生耐药性，如果应用某种抗生素后无明显疗效，应立即更换。每次用量：庆大霉素1～2毫克／千克体重，四环素7～15毫克／千克体重，氨苄青霉素4～11毫克／千克体重，每天均注射2次，直到体温下降，食欲恢复为止。

常用的磺胺类药物是磺胺嘧啶。每次用量：10%磺胺嘧啶钠溶液，0.07克／千克体重，10%磺胺二甲嘧啶钠注射液0.07克／千克体重，每天肌肉注射2次。

猪口蹄疫

关键技术

诊断：病猪表现蹄冠、趾间、蹄踵皮肤发生水疱和烂斑，部分猪口腔黏膜和鼻盘也有同样病变。

防治：本病重点在于预防，对于患口蹄疫病猪，应一律急宰，不准治疗，以防散播传染。

口蹄疫是由口蹄疫病毒引起偶蹄动物共患的急性热性接触性传染病。人也能感染发病。该病传播迅速，发病率高，对香猪的危害严重。

（一）诊断要点

1.流行特点　病猪是主要传染源，通过直接或间接接触，病毒进入呼吸道、消化道和损伤的皮肤黏膜而感染发病。本病流行快，在短时间内，可波及全群，继而很快蔓延到周围地区，发病率高，但死亡率不到5%，多发生于冬春季节，尤以春季达到高峰，到夏季往往自然平息。

2.症状　以蹄部发生水疱和糜烂为主要特征。病初体温升高，减食或不食。蹄冠、趾间、蹄踵等部位出现发红、微热，触摸时表现敏感，不久患部形成米粒大、蚕豆大的水疱，水疱破裂后形成出血性糜烂，如有继发感染，常使炎症向深部发展，侵害蹄叶，甚至造成蹄匣脱落，病肢不能着地，病猪常卧地不起。强迫行走时，严重跛行，蹄部流血。鼻盘、口腔黏膜、哺乳母猪的乳房等处也可见到水疱和烂斑。哺乳子猪常呈急性胃肠炎和心肌炎而突然死亡，病死率可达60%～80%。

3.病变 病猪口腔、鼻盘及蹄部等处发生特征性水疱和溃烂。子猪因心肌炎死亡时，可见心肌松软，心肌切面有淡黄色斑点或条纹，有“虎斑心”之称，还可见出血性肠炎变化。

4.鉴别诊断 参见猪水疱病。

（二）防治措施

1.预防 平时做好检疫和普查工作，及时注射口蹄疫疫苗，严禁从疫区购猪及其制品，不得用未经煮沸的洗肉水、泔水喂香猪。一旦怀疑口蹄疫发生时，应立即确诊，并对发病现场采取封锁措施，防止疫情扩散蔓延。对猪舍、环境及饲养管理用具严格消毒。对病猪及其同栏猪，可集中屠宰，按食品卫生部门的有关法规处理。对未发病的香猪，应立即注射口蹄疫油乳剂灭活苗，所用疫苗的病毒型必须与该地区流行的口蹄疫病毒型相一致。

2.治疗 轻症病猪，经过10天左右多能自愈。重症病猪，可先用食醋水或0.1%高锰酸钾液洗净局部，再涂布龙胆紫溶液或碘甘油，经数日治疗，绝大多数可治愈。但根据国家规定，口蹄疫病猪应一律急宰，不准治疗，以防散播传染。

猪水疱病

关键技术

诊断：本病的主要症状是蹄冠、蹄叉、蹄踵或副蹄出现水疱和溃烂，有的在鼻端、口腔黏膜出现水疱和溃烂，有的在母猪乳头周围发生水疱和溃烂。

防治：本病应采取综合措施进行预防，治疗宜抗病毒，局部消炎。

猪水疱病又称“猪传染性水疱病”，是由病毒引起的一种急性热性接触性传染病。其传染速度快，发病率高，对养猪业的发展是一严重威胁，必须十分重视本病的预防。

（一）诊断要点

1.流行特点 仅猪易感，人偶有感染。病猪和带毒猪是主要传染源。通过消化道、呼吸道、受损的皮肤及黏膜传染。一年四季均可发生。

2.症状 病初体温可达40℃以上，蹄冠、趾间、蹄踵和副蹄等处可见一个或数个黄豆至蚕豆大的水疱，继而水疱融合扩大，其中充满水疱液，一两天水疱破裂形成溃疡，溃疡面鲜红。病猪疼痛剧烈，运步艰难。若有继发感染，常使病程加剧，局部化脓，甚至引起蹄匣脱落，病猪卧地不起，精神沉郁，食欲减退。有的病猪在鼻端、口腔黏膜和乳头周围也发生水疱，有些轻症病例，只在蹄部出现一两个水疱，全身症状轻微，不易发现。

3.鉴别诊断 本病的临床症状与口蹄疫相似，尤其是单纯性猪口蹄疫与猪水疱病的流行情况和症状几乎相同，难于区别。

口蹄疫：一般性口蹄疫呈流行性发生，牛、羊、猪先后或同时发病，而猪水疱病呈地方性流行，仅猪发病，牛、羊不感染。发生单纯性猪口蹄疫时，用水疱皮或水疱液制成悬液，给9日龄以下乳鼠皮下注射，全部死亡；而用猪水疱病的水疱液或水疱皮制成悬液，给7～9日龄和2日龄乳鼠皮下注射，仅2日龄乳鼠死亡，7～9日龄乳鼠则不死。

（二）防治措施

1.预防 平时加强饲养管理，严格检疫，不从疫区调入猪只和猪肉，不用未经煮沸的洗肉水、泔水喂香猪。一旦发现病猪，应及时隔离治疗，对其同群无症状猪同时注射抗猪水疱病高免血清，隔离观察至少7天未再发现病猪方可调出。对疫区和受威胁区的未发病猪预防注射猪水疱病乳鼠化弱毒疫苗或猪水疱病BEI灭活苗。病猪舍环境及用具应经常消毒，保持干燥，促进病猪恢复。

2.治疗 按口蹄疫的方法处理。

子猪副伤寒

关键技术

诊断：本病临床上分为急性和慢性两型，急性型呈败血症变化，慢性型在大肠发生弥漫性纤维素性坏死性肠炎变化，表现慢性下痢，有时发生卡他性或干酪性肺炎。

防治：加强饲养管理，消除发病诱因，同时注意按时口服或肌肉注射子猪副伤寒冻干菌苗可预防本病的发生，治疗宜抗菌消炎。

子猪副伤寒又称“猪沙门氏菌病”，主要侵害2～4月龄子猪，是一种较常见的传染病。由于沙门氏菌在自然界分布极广，健康动物带菌较普遍，因此，几乎所有养猪的地方都有不同程度的发生和流行，在饲养卫生条件不良的环境下，往往呈地方性流行。

（一）诊断要点

1.流行特点　本病主要发生于密集饲养的断奶后子猪，成年猪及哺乳子猪很少发生。其传染方式有两种：一是由于病猪及带菌猪排出病原体污染饲料、饮水和土壤等，健康猪吃了这些污染的食物而感染发病；另一种是病原体平时存在于健康猪体内，但不表现症状，当饲养管理条件突变，体质减弱，抵抗力降低时，病原体即乘机繁殖，毒力增强而致病。本病呈散发，若有不良因素的严重刺激，也可呈地方流行性发生。

2.症状

（1）急性型：呈败血症症状，突然发病，体温升高，食欲不振，精神沉郁，但不像猪瘟那样委顿，鼻端干燥。病初便秘，后下痢，排恶臭稀便，有时带血，常有腹部疼痛症状，弓背尖叫。病后2～3天，在鼻端、两耳及四肢下部皮肤发紫。最后病猪呼吸困难，体温下降，不久死亡。

（2）慢性型（结肠炎型）：此型最常见。病猪体温稍升高，精神不振。病初便秘，后呈持续性或反复性腹泻，粪便呈灰白色、淡黄色或暗绿色，有恶臭，有时带血、坏死组织或纤维素絮片。病猪逐渐消瘦，最后因脱水而死亡。

3.病变　急性病例主要呈败血症变化。慢性病例的主要病变在盲肠、结肠和回肠。可见肠壁淋巴小结先肿胀隆起，以后发生坏死和溃疡。肠黏膜呈弥漫性坏死性糜烂，表面被覆有灰黄色或淡绿色易剥离的麸皮样物质，肠壁粗糙增厚。严重病例，肠黏膜大片坏死脱落，此种病变对诊断很有意义。肝、脾及肠系膜淋巴结肿大，常见到针尖大至粟粒大的灰白色坏死灶，这是子猪副伤寒的特征性病变。

4.鉴别诊断 本病易与猪瘟相混淆，应注意鉴别。参见猪瘟的鉴别诊断。

（二）防治措施

1.预防 加强饲养管理，消除发病诱因是预防本病的重要环节，但及时的免疫接种也是十分必要的。子猪副伤寒弱毒冻干菌苗使用于1月龄以上哺乳或断奶的健康子猪。口服或注射均可，以口服法常用。注射法免疫时，易出现减食，体温升高，局部肿胀及呕吐、腹泻等接种反应，一般经1～2天即自行恢复。口服免疫接种反应很轻微。

2.治疗 应与改善饲养管理同时进行，用药剂量要足，维持时间宜长。

（1）抗生素疗法：常用的是土霉素和新霉素等。土霉素每天50～100毫克／千克体重，新霉素每天5～15毫克／千克体重，分2～3次口服，连用3～5天后，剂量减半，再用3～5天。

（2）磺胺类疗法：磺胺增效合剂疗效较好。磺胺甲基异唑（SMZ）或磺胺嘧啶（SD）20～40毫克／千克体重，加甲氧苄氨嘧啶（TMP或DVD）4～8毫克／千克体重，混合后分2次内服，连用1周。或用复方新诺明（SMZ-TMP）70毫克／千克体重，首次加倍，每天内服2次，连用3～7天。

（3）中草药疗法：青木香10克、地榆炭15克、车前子10克、苍术6克、炒白芍15克、烧大枣5枚为引、黄连10克、白头翁10克，研末一次喂服，每天1剂，连用2～3剂；或黄芩6克、神曲9克、金银花9克、陈皮6克、柴胡9克、槐木炭6克、莱菔子9克、连翘6克、苦参9克，水煎分2次喂服，每天1剂，连用2～3剂。

猪气喘病

关键技术

诊断：本病的特征为咳嗽、气喘、呼吸困难。剖检可见，病变主要局限于肺脏和胸腔内淋巴结。两侧肺有融合性支气管肺炎，肺脏呈虾肉样病变。肺门淋巴结和纵隔淋巴结明显肿大，呈灰白色。

防治：加强饲养管理，定期消毒，切断传染源，并注射猪气喘病兔化弱毒冻干菌苗或猪气喘病168株弱毒菌苗是预防该病的主要措施。治疗宜抗菌消炎。

猪气喘病又称“猪地方流行性肺炎”，是一种慢性呼吸道疾病，是集约化养猪场常见的疾病之一，也是SPF猪场要求净化的疫病之一。本病死亡率不高，但感染率很高，猪场一旦感染，很难根除，导致感染猪发育迟缓，造成严重的经济损失。

（一）诊断要点

1.流行特点　只有猪发生，任何年龄、性别、品种的猪都可发病，但哺乳子猪和幼猪最易感，死亡率高，其次是妊娠后期和哺乳母猪，成年猪以慢性或隐性经过。

本病的发生无明显季节性，但以冬春季节较多见。在饲养管理不良，天气骤变时，可使病情加重，用一般药物治疗时，症状暂时消退，以后又能复发。

2.症状　本病的主要症状是咳嗽和气喘。病初为短声连咳，在早晨出圈后受冷空气刺激时，或经驱赶运动和喂料的前后最易听到，同时流少量清鼻液，病重时流灰白色黏液或脓性鼻液。在病的中期出现气喘症状，呈明显的腹式呼吸，此时咳嗽少而低沉。至病的后期，气喘加重，常张口喘气，并有喘鸣声。在一般情况下，体温、食欲无明显变化，后期精神不振、消瘦不愿走动。这些症状可随饲养管理和生活条件的优劣而减轻或加重，病程可拖数月，病死率一般不高。

3.病变　病变主要局限于肺脏和胸腔内淋巴结。两侧肺脏的心叶、尖叶和膈叶前下部见融合性支气管肺炎，且两侧病变对称，与正常肺组织界限明显，病变部呈灰红色或灰黄色，硬度增加，外观似肉样或胰样，切面组织致密，可从小支气管挤出灰白色、混浊、黏稠的液体，支气管淋巴结和纵隔淋巴结肿大，切面灰黄色，淋巴组织呈弥漫性增生。急性病例有明显的肺气肿病变。

4.鉴别诊断　应与猪流行性感冒、猪肺疫、猪传染性胸膜肺炎、猪肺丝虫病和蛔虫病相鉴别，其区别要点如下。

（1）猪流行性感冒：其突然暴发，传播迅速，体温升高，病程短（约1周），流行期短。剖检时全部呼吸道有渗出性炎症，肺炎区膨胀不全，甚至整个肺脏出现水肿。

（2）猪肺疫：见猪肺疫的鉴别诊断项。

（3）猪传染性胸膜肺炎：该病体温升高，全身症状较重，剖检时有胸膜炎病变。而猪气喘病体温不高，全身症状较轻，肺有肉样或胰样变区，但无胸膜炎病变。

（4）猪肺丝虫病和蛔虫病：肺丝虫和蛔虫的幼虫可引起咳嗽，剖检时偶尔见到支气管肺炎病变，检查可发现虫卵和虫体，炎症变化常位于膈叶下垂部。检查粪便有虫卵或孵化出的肺丝虫幼虫。蛔虫的幼虫性咳嗽几天内可逐渐消失。

（三）防治措施

1.预防 坚持自繁自养，原则上不从外地引进猪只，这是预防本病的关键，必须引进种猪时，要严格隔离检查3个月，确认无本病时方可混养。平时应加强饲养管理，喂给优质饲料，保持圈舍清洁卫生，通风、干燥，同时应做好经常性的消毒工作。在发生过本病的猪场，可试用猪气喘病兔化弱毒冻干菌苗或猪气喘病168株弱毒菌苗。

2.治疗 对重病猪应及时淘汰，轻病猪隔离治疗。治疗的方法很多，多数只有临床治愈效果，不能根除病原。

（1）硫酸卡那霉素注射液和盐酸土霉素混合使用：每千克体重卡那霉素4万单位，土霉素60毫克一次肌肉注射，每天1次，连用3～5天，使用时先以注射用水稀释好土霉素后再吸入卡那霉素并混匀再注射。

（2）泰乐菌素：按10毫克／千克体重，一次肌肉注射，每天1次，连用5～7天。

（3）盐酸强力霉素注射液：按3～5毫克／千克体重，一次肌肉注射，每天1次，直至痊愈。

（4）中草药法：麻黄9克、芍药9克、干姜9克、杏仁9克、五味子9克、细辛6克、桂枝9克、甘草9克、半夏19克，研末。每头每天30～45克拌料喂服，连用3～5天。

猪传染性胃肠炎

关键技术

诊断：本病的特征为腹泻、呕吐和脱水，10日龄以内的哺乳子猪发病率和死亡率最高，随年龄增大死亡率稳步下降。

防治：预防本病除采取综合性防疫措施外，对常发生该病的猪场，可用猪传染性胃肠炎弱毒疫苗给母猪免疫，也可用弱毒疫苗给初生的子猪口服。治疗宜对症补液。

（一）诊断要点

1.流行特点 各年龄的猪均易感，新感染的猪场一旦发生本病，传播迅速，很快在全场的猪群中流行。2周龄以内的猪感染后死亡率高，而育成猪及成年猪常取良性经过。该病主要发生在冬末春初的寒冷季节。

2.症状 哺乳子猪往往突然发生呕吐，接着发生剧烈性水样腹泻，粪便呈黄色、淡绿或发白色，带有小块未消化的凝乳块，有恶臭。病猪迅速脱水，体重减轻，体温下降，常于发病后2～7天死亡，耐过的小猪，生长发育受阻，甚至形成僵猪。出生后5日以内子猪的病死率常为100%。

架子猪、肥猪及成年公母猪主要表现食欲减退，水样腹泻，粪便呈黄绿、淡灰或褐色，并含有少量未消化的食物；哺乳母猪泌乳减少或停止，3～7天病情好转随即恢复，极少发生死亡。

3.病变 主要病变在胃和小肠。胃内充满凝乳块，胃底黏膜充血，有时有出血点；小肠肠壁变薄，肠内充满黄绿色或灰白色液体，含有气泡和凝乳块，小肠肠系膜淋巴管内缺乏乳糜。肠黏膜严重出血。

4.鉴别诊断 应与猪流行性腹泻、猪轮状病毒病、子猪白痢、子猪黄痢、子猪红痢和猪痢疾鉴别。

（1）猪流行性腹泻：除哺乳子猪发病外，其他年龄的猪往往同时发病，多发生于寒冷季节，1周龄内哺乳子猪常于2～3天内因脱水而死，大猪3～4天后很快耐过。该病疗效不显著。

（2）猪轮状病毒病：多发生于8周龄以内子猪，大猪为隐性感染，寒冷季节多发，症状与病变轻微，病死率低。

（3）子猪白痢：10～30日龄子猪常发，无呕吐，排白色糊状稀粪，病程为急性或亚急性。小肠呈卡他性炎症。抗生素和磺胺类药物对该病有较好疗效。

（4）子猪黄痢：1周内子猪多发，发病率和死亡率均高。少有呕吐，排黄色稀粪，病程为最急性或急性，小肠呈急性卡他性炎症，十二指肠最严重，空肠、回肠次之，结肠较轻。一般来不及治疗。

（5）子猪红痢：3日龄内子猪常发，1周龄以上很少发生。偶有呕吐，排红色黏粪。小肠出血、坏死，肠内容物呈红色，坏死肠段浆膜下有小气泡等病变，能分离出魏氏梭菌。一般来不及治疗。

（6）猪痢疾：2～3月龄猪多发。病初体温略高，排出混有大量黏液及血液的粪便，常呈胶冻状。大肠有卡他性出血性肠炎、纤维素渗出及黏膜表层坏死等病变，早期治疗有效。

（二）防治措施

1.预防 对于本病应采取综合措施，切断传染源。对本病的常在猪场，可采用两种方法，控制本病的发生。第一，对怀孕母猪于产前45天及15天左右，用猪传染性胃肠炎弱毒疫苗经肌肉及鼻内各接种1毫升，使其产生足够的免疫力，通过使子猪早吃初乳，获得抗体，产生被动免疫。或在子猪初生后，以无病原性的弱毒疫苗口服免疫，每头子猪口服1毫升，使其产生主动免疫。第二，应用康复猪的抗凝血或高免血清，每天口服10毫升，连用3天，对新生子猪有一定的防治效果。

2.治疗 对子猪对症治疗，同时加强饲养管理，保持子猪舍干燥和适宜的温度，可减少死亡，促进早日恢复。让子猪自由饮服下列配方溶液：氯化钠3.5克、氯化钾1.5克、小苏打2.5克和葡萄糖20克，加温开水1 000毫升。为防止继发感染，对2周龄以下子猪可适当应用抗菌药物，如用硫酸庆大霉素，肌肉注射，用量2~4毫克/千克体重，每天两次。此外还可用中药疗法，如黄连40克、三棵针40克、白头翁40克、苦参40克、胡黄连40克、白芍30克、地榆炭30克、棕榈炭30克、乌梅30克、诃子30克、大黄30克、车前子30克、甘草30克，研末分6次灌服，每天3次，连用2天以上。也可用山莨菪碱10毫克，维生素B1 50毫克，一次两侧后三里穴注射，每天1次，连用3天。

子猪黄痢

关键技术

诊断： 本病表现为1周龄以内子猪（尤以1～3日龄最常见）排黄色或黄白色稀粪。

防治： 加强饲养管理，定期消毒，切断传染源，并注射大肠杆菌K_{88}–LTB双价基因工程菌苗或大肠杆菌K_{88}、K_{99}、K_{987P}三价灭活菌苗是预防该病的主要措施。治疗宜抗菌止泻，补液强心。

子猪黄痢又称“早发性大肠杆菌病”，发生于初生子猪，病程短，而死亡率高，是养猪场常见的传染病之一。

（一）诊断要点

1.流行特点 主要在生后数小时至5日龄以内子猪发病，以1～3日龄最为多见，7日龄以上的乳猪发病极少。往往整窝发生，不仅同窝乳猪发生，以后继续分娩的乳猪也几乎都感染发病。环境卫生差的，可能多发，环境卫生良好的也常发，故有人认为，母猪携带致病性大肠杆菌是发生本病的重要因素。

2.症状 最急性的子猪，于生后10多小时突然死亡。生后2～3日龄以上子猪感染时，病程稍长，排黄色水样稀粪，内含有凝乳小片，顺肛门流下，其周围多不留粪迹，易被忽视。下痢重时，小母猪阴户尖端可出现红色，后肢被粪液污染；病子猪精神不振，不吃奶，很快消瘦，眼球下陷，终因脱水、衰竭而死。

3.病变 主要病变是胃肠卡他性炎症。表现为肠内有大量黄色液状内容物和气体，肠壁变薄，肠黏膜肿胀、充血或出血，病变以十二指肠最为严重，空肠和回肠次之，结肠较轻；肠系膜淋巴结肿大，切面多汁；胃黏膜红肿；肝、肾有小的坏死灶。

4.鉴别诊断 应与猪传染性胃肠炎、猪流行性腹泻、猪轮状病毒病、子猪红痢和猪痢疾等鉴别。参见猪传染性胃肠炎的鉴别诊断。

（二）防治措施

1.预防 加强饲养管理，保持产房、母猪体表和乳头的清洁卫生。猪舍应及时清扫、消毒，对病死猪应及时深埋或焚烧是预防本病的重要环节。使用大肠杆菌K_{88}–LTB双价基因工程菌苗有较好的免疫效果。对未用本菌苗免疫过的初产母猪，于产前30～40天和15～20天各注射1次，每次5毫升。经本苗免疫过的经产母猪，于产前15～20天肌肉注射5毫升，产后3～5天再给子猪注射本菌苗2毫升，使子猪生后30日龄内，免受大肠杆菌的侵害。也可用大肠杆菌K_{88}、K_{99}、K_{987P}三价灭活菌苗，在母猪分娩前4～6周给母猪免疫，使子猪通过吃初乳获得较好的被动免疫。

2.治疗 由于患病子猪剧烈腹泻而迅速脱水，所以发病后再治疗，往往为时已晚，在发现1头病猪后，应立即对与病猪接触过的未发病子猪进行药物预防，疗效较好。值得注意的是，大肠杆菌易产生抗药性，最好2种药物联合使用。有条件的可做细菌分离和药敏试验，选用敏感药物。

（1）抗生素和磺胺药疗法：土霉素按30毫克／千克体重一次肌肉注射或灌服，每天2次，连用3次；磺胺嘧啶0.2～0.8克、三甲氧苄氨嘧啶40～160毫克、活性炭0.5克，混匀分2次喂服，每天2次至痊愈。

（2）白龙散疗法：白头翁2克，龙胆紫1克，研末一次喂服，每天3次，连用3天。若将其与抗生素和磺胺药疗法配合使用效果更佳。

（3）中草药疗法：黄连5克、黄柏20克、黄芩20克、金银花20克、诃子20克、乌梅20克、草豆20克、泽泻15克、茯苓15克、神曲10克、山楂10克、甘草5克，研末分2次喂母猪，早晚各1次，连用2剂。

子猪白痢

关键技术

诊断：本病的特征为10～30日龄子猪体温不高，排白色或灰白色粥状稀粪，或黄白色，且粪便腥臭。剖检可见胃肠卡他性炎症，胃内常积有大量凝乳块。

防治：参见子猪黄痢。

子猪白痢又称“迟发性大肠杆菌病”，是10～30日龄以内的子猪常见的肠道传染病，在我国各地猪场均有不同程度的发生。

（一）诊断要点

1.流行特点 本病发生于10～30日龄子猪，以2～3周龄子猪多发。大肠杆菌在自然界分布很广，也经常存在于猪的肠道内，在正常情况下不会引起发病，但当子猪处于应激状态时，抵抗力下降，则会致病。从病猪体内排出来的大肠杆菌，其毒力增强，健康子猪吃了病猪粪便污染的饲料时，就可引起发病。因此一窝小猪中有一头下痢，若不及时采取措施，会很快传播。

2.症状 病猪突然发生腹泻，排出灰白色或黄白色糊状并有特殊腥臭的粪便。体温和食欲一般无明显变化。病猪逐渐消瘦，发育迟缓，皮毛粗糙无光，弓背。病程3～7天，多数能自行康复。

3.病变 病死子猪无特殊病变。肠内有不等量的食糜和气体，肠黏膜轻度充血潮红，肠壁很薄。肠系膜淋巴结水肿。实质脏器无明显变化。

4.鉴别诊断 应与猪传染性胃肠炎、猪流行性腹泻、猪轮状病毒病、子猪红痢和猪痢疾等鉴别。参见猪传染性胃肠炎的鉴别诊断。

（二）防治措施

参见子猪黄痢的防治措施。

子猪红痢

关键技术

诊断：本病特征为3日龄以内新生子猪排红色粪便，肠黏膜坏死，病程短，病死率高。

防治：由于该病病程短，往往来不及治疗就已经死亡，故应以预防为主。抗生素疗效不明显。

子猪红痢又称“子猪梭菌性肠炎”或“子猪传染性坏死性肠炎”，是3日龄以内子猪的一种急性传染病。

（一）诊断要点

1.流行特点 主要发生于1～3日龄的初生子猪，1周龄以上子猪很少发病。同一猪群内各窝子猪的发病率不同，有的高达100%，病死率一般为30%～70%。猪场一旦发生此病，常顽固地在猪场扎根，如果预防措施不力，本病可连年在产子季节发生，造成严重损失。

2.症状 本病的病程长短差别很大。最急性病例往往在出生当天发病，排血便，后躯沾满带血稀粪，于生后当天或第二天死亡，部分子猪无血痢而突然衰竭死亡；急性病例排浅红褐色水样粪便，多于生后第三天死亡；亚急性病例呈现持续的非出血性腹泻，粪便开始为黄软便，后变为清水样，内含坏死组织碎片，似淘米水样。表现食欲不振，逐渐消瘦和脱水，一般在生后5～7天死亡；慢性病例呈间歇性或持续性腹泻，排灰黄色黏液便，后躯及尾部附着粪痂，生长停滞，最后死亡或形成僵猪。

3.病变 病变局限于小肠和肠系膜淋巴结，以空肠的病变最重。最急性病例，空肠呈暗红色，肠腔充满血染液体，腹腔内有较多的红色液体，肠系膜淋巴结鲜红。急性病例的肠黏膜坏死变化最重，而出血较轻，肠黏膜呈黄色或灰色，肠腔内有血染的坏死组织碎片黏着于肠壁。亚急性病例，病变肠段黏膜坏死严重，可形成坏死性假膜，易于剥下，在坏死肠段的浆膜下层和肠系膜淋巴结中有数量不等的小气泡。慢性病例，在肠黏膜可见一处或多处的坏死带。

4.鉴别诊断 应与猪传染性胃肠炎、猪流行性腹泻、子猪黄痢和子猪白痢等鉴别。参见猪传染性胃肠炎的鉴别诊断。

（二）防治措施

本病病程短，病猪来不及治疗就已死亡，所以加强日常预防工作十分重要。首先要加强对猪舍、场地、环境的清洁卫生和消毒工作。母猪分娩前，产房及母猪乳头应彻底消毒。有条件时应对母猪预防接种子猪红痢氢氧化铝菌苗：初产母猪要肌肉注射2次，第一次于产前1个月左右，第二次于产前15天左右，用量均为5～10毫升；经产母猪，若前2胎已免疫过，可于产前15天左右接种1次，用量为3～5毫升。目的是子猪出生后，吃到注苗母猪的初乳，获得免疫保护。子猪没吃初乳前及以后的3天内，投服青霉素或与链霉素并用，有防治子猪红痢的效果，预防量为8万单位／千克体重，治疗量为10万单位／千克体重。每日2次。

猪流行性感冒

关键技术

诊断：本病的特征为突然发病，迅速传播，发热，咳嗽、流鼻涕，肌肉关节疼痛和上呼吸道炎症。

防治：本病应以预防为主，采取综合措施防止本病的发生。目前尚无特效的治疗药物，主要采取对症消炎、控制继发感染。

（一）诊断要点

1.流行特点 本病仅发生于猪，病猪和带毒猪是主要传染源。病猪咳嗽时，随鼻液排出大量病原体，经呼吸道迅速传播，往往在2～3天内波及全群。康复猪和隐性感染猪，可带毒相当长的时间，是猪流感病毒的重要储存宿主，是以后发生猪流感的传染源。多发生于秋季及早春季节，特别是气候骤变忽冷忽热时易发病。发病率高，死亡率却很低。

2.症状 猪突然发病，迅速蔓延全群，病初体温升高到40～41℃，精神高度沉郁，被毛蓬乱而无光泽，食欲减退，结膜潮红，呈树枝状充血，咳嗽，特殊的腹式呼吸（呼吸时肚子用力，胸廓活动不大），鼻镜干燥，眼、鼻流黏液性分泌物。病猪常挤卧在一起，不愿活动，病程3～7天。妊娠母猪有的发生流产。若无其他并发症，多数病例常突然恢复健康，否则可引起死亡。

3.病变 主要病变在呼吸系统。咽喉充血，从鼻腔到支气管黏膜潮红，肿胀，充满大量带泡沫状黏液，有时混有血色。肺脏肿大，有紫红色肺炎病灶。个别病例有纤维素性胸膜炎，化脓性肺炎，坏死性肺炎或心包炎。

4.鉴别诊断 应注意与猪传染性胸膜肺炎、猪肺疫等区别。

（1）猪传染性胸膜肺炎：呼吸困难，耳、鼻及四肢皮肤呈蓝紫色，病死率高，主要病变为肺炎和胸膜炎。抗菌药物治疗有效。

（2）急性猪肺疫：常为散发，病死率高。临诊呈败血症症状，呼吸困难，咽喉部肿胀。抗菌药物治疗有效。

（二）防治措施

1.预防 防止易感猪与感染的动物接触是最关键的环节。除康复猪带毒外，某些水禽和火鸡也可能带毒，应防止与这些动物接触。人发生A型流感时，应防止病人与猪接触。此外在气候变化急剧的季节，应特别注意加强饲养管理，猪舍应保持清洁、干燥和防寒保暖。一旦发生本病，几乎无任何措施能够防止病猪传染其他猪。对病猪应隔离治疗。

2.治疗 目前尚无特效药，可试用板蓝根冲剂等。为预防及控制细菌继发感染，可应用抗菌药物及解热镇痛、止咳祛痰药。

猪蛔虫病

关键技术

诊断：诊断本病的关键是病猪出现肺炎症状，子猪发育不良，生长迟缓，形成僵猪。有时出现剧烈腹痛或黄疸及神经症状。

防治：防治本病的关键是定期驱虫和加强饲养卫生管理。

猪蛔虫病是由猪蛔虫寄生于猪的小肠内所引起的一种常见寄生虫病。虫体为黄白色或粉白色、圆柱状的大型虫体，雄虫长140～280毫米，雌虫长200～400毫米，雌虫产出的虫卵随猪粪便排出外界。

（一）诊断要点

1.流行特点　随猪粪便排到外界的虫卵，在外界适宜的条件下发育为含幼虫的感染性虫卵，猪吞食了此感染性虫卵而被感染，在小肠内幼虫逸出，钻入肠壁血管，开始移行并发育，经过肝脏、右心、肺、气管、咽，然后再咽下，在小肠内发育成成虫。自吞食感染性虫卵到发育为成虫，需2～2.5个月，成虫在猪体内的寄生时间为7～10个月。

本病流行范围非常广，主要原因是猪蛔虫生活史简单（不需中间宿主），雌虫繁殖能力强（一条雌虫平均每天产10万～20万个虫卵），虫卵抵抗力很强（对不良环境和普通消毒药抵抗力很强）。病猪的猪舍及其粪便是本病的主要感染来源。母猪的产房内和母猪的乳头不洁，常是造成哺乳子猪感染本病的主要原因。在饲养管理不良如卫生条件恶劣、猪只过于拥挤、营养缺乏时，3～6月龄的子猪最容易感染本病。另外，本病可通过胎盘感染给子猪。

2.症状　大量幼虫移行到肺脏时，引起蛔虫性肺炎，表现为咳嗽、呼吸加快、体温升高、食欲减退、卧地不起。成虫寄生于小肠时，子猪表现出发育不良、生长迟缓，常是形成僵猪的主要原因。大量寄生虫体成团时，可引起肠堵塞、肠破裂，出现剧烈腹痛。有时虫体进入胆管，造成堵塞，引起黄疸症状。另外，有些病猪出现兴奋、痉挛、角弓反张等神经症状。

3.病变　剖检病死猪，确定猪蛔虫是否是直接致死原因，需根据剖检时的虫体数量、病变程度，结合生前症状和流行病学资料以及有无原发病和继发病进行综合分析。若是猪蛔虫造成的病猪死亡，剖检可见肺表面有大量出血点或出血斑点，在肺内可见大量幼虫。肝脏表面有大小不等的白色斑纹。小肠内有大量成虫，并可见肠黏膜炎症、出血或溃疡。肠破裂时，可见腹膜炎和腹腔积血，有时可在胃、胆管、胰管内发现虫体。

（二）防治措施

1.预防

（1）预防性定期驱虫：在蛔虫病流行的猪场，每年在春秋两季各进行1次全面驱虫。子猪在断奶后（2～6个月龄）3～4次，有条件的最好每隔20天驱虫1次。孕猪在怀孕中期进行1次驱虫。从外地引进猪时，应先隔离饲养，最好进行1～2次驱虫后再合群饲养，以防止病原的传入。

（2）加强子猪的饲养管理：在临产前用肥皂、热水彻底洗刷怀孕母猪，除去身上的蛔虫卵，洗净后立即放入预先彻底消毒过的产房内，分娩后到放牧前母猪和子猪一直放在产房内，饲养人员进产房必须换鞋，以防带入蛔虫卵。同时，哺乳母猪应经常清洗乳房及相邻部位，保持干净，防止被虫卵污染，避免子猪吮乳时感染。子猪饲料中要富含蛋白质、维生素和矿物质，保证子猪全价营养，增强机体的抗病能力。保持饲料和饮水清洁，避免粪便污染。大小猪应分群饲养。

（3）加强猪舍和运动场地的卫生管理：猪舍应通风良好，阳光充足，避免潮湿、阴暗和拥挤。猪圈内应勤打扫，勤冲洗，勤换垫草，减少虫卵污染，猪的粪便和垫草清出圈后，要运到距猪舍较远的场所堆积发酵或挖坑沤肥，以杀死虫卵。运动场和猪舍周围，应在每年春末或秋初深翻1次或铲除一层表土，换上新土，并用生石灰消毒。场内地面应保持平整，周围必须有排水沟，以防积水。

2.治疗

（1）左旋咪唑：8毫克／千克体重，混饲或饮水。对成虫和幼虫皆有效。

（2）丙硫苯咪唑（阿苯咪唑）：5～10毫克／千克体重，混饲或配成混悬液给药。

（3）枸橼酸哌嗪（驱蛔灵）：0.2～0.3克／千克体重，溶解后混饲，自由采食，对成虫效果很好。

（4）伊维菌素：0.3克/千克体重，皮下注射或口服。

猪旋毛虫病

关键技术

诊断：诊断本病的关键是病猪出现腹痛、腹泻、呕吐，叫声嘶哑，有的眼睑和四肢水肿，肌肉疼痛或僵硬。

防治：防治本病的关键是加强卫生宣传教育和肉品卫生检验，切断感染途径。

猪旋毛虫病是由旋毛虫引起猪的一种寄生虫病，是一种很严重的人畜共患寄生虫病，已知有100多种动物在自然条件下可感染本病。

（一）诊断要点

1.流行特点　旋毛虫可寄生于多种动物体内，这些动物先为终末宿主，后为中间宿主，即成虫和幼虫都寄生于同一宿主体内。猪感染本病的主要途径是吞食未煮熟的含旋毛虫幼虫的废弃肉碎渣及副产品或洗肉泔水，其次是采食老鼠、昆虫和其他动物粪中未消化的肉中的包囊而感染。

2.症状　轻度感染时无症状。严重感染时，通常在3～5天后出现体温升高，腹痛、腹泻，有时呕吐，食欲减退，叫声嘶哑，有的眼睑和四肢水肿，肌肉疼痛或僵硬。

3.病变　成虫在肠道寄生引起炎症，可见黏膜肿胀、充血、出血。幼虫寄生于肌肉中形成包囊，易发部位是膈肌角。国家规定的检疫部位是膈肌角，检查时，左右膈肌角都看，新鲜的未钙化的包囊，肉眼可见露滴状、针尖大小、颜色比周围肌肉较淡。钙化的包囊呈乳白色或黄白色。将此病灶取下进行压片镜检，可见到卷曲的幼虫。

（二）防治措施

1.预防　加强卫生宣传教育，普及预防旋毛虫病知识。禁止用未经处理的碎肉垃圾、泔水喂猪，做好猪舍的防鼠、灭鼠工作，将放养猪改圈养猪，保持圈舍清洁卫生。加强屠宰场及集市肉食品的兽医卫生检查，一旦发现，立即销毁。人不食生或半生不熟的肉食，切生肉和熟食的用具应分开，以免感染旋毛虫病。

2.治疗 猪发病后可用丙硫咪唑治疗，按0.03%的比例加入饲料中充分搅匀，连喂10天。

猪囊虫病

关键技术

诊断： 诊断本病的关键是病猪营养不良，生长迟缓，贫血、水肿，两肩显著外张，臀部异常肥胖宽阔而呈哑铃状或狮体状。呼吸或咀嚼吞咽困难。

防治： 防治本病的关键是采取查、驱、管、检的综合性防治措施。

猪囊虫病又称猪囊尾蚴病，是由有钩绦虫的幼虫猪囊虫寄生于猪的肌肉、脑、眼等部位所引起的一种寄生虫病，是全国重点防治的人畜共患寄生虫病之一，它不仅给养猪业造成巨大经济损失，而且严重威胁人体健康。

（一）诊断要点

1.流行特点 猪囊虫的成虫有钩绦虫寄生于人的小肠，孕节或虫卵随人粪排到外界后被猪吞食，在猪的小肠内，幼虫逸出钻入肠壁，通过移行到全身的肌肉及脑、肝、肺等部位寄生下来，发育为猪囊虫。因此，猪的饲养卫生管理与本病的发生有直接的关系。人是吃了生的或半生不熟的带有活的猪囊虫的猪肉而感染。

2.症状 轻度感染无明显症状。极严重感染后会出现营养不良，生长迟缓，贫血、水肿。两肩显著外张和臀部异常肥胖宽阔而呈哑铃状或狮体状。病猪走路时，前肢僵硬，后肢不灵活，左右摇摆，似“醉酒状”，不愿活动，反应迟钝，喜卧。若囊虫寄生在膈肌、肋间肌、心肺及口腔部肌肉时，可出现呼吸困难、声音嘶哑和咀嚼吞咽困难；若寄生在眼部，则出现视力减弱，甚至失明；若寄生在大脑，可出现癫痫症状，有时会发生急性脑炎而突然死亡。

（二）防治措施

采取查、驱、管、检等综合性的防治措施。

1.查 根据囊虫猪的来源，在可能有绦虫病人居住的村庄，展开宣传，普查绦虫病病人。

2.驱 对普查时发现的病人及时驱虫。

（1）早晨空腹时服南瓜子仁粉50克（炒熟、去皮、碾成末），2小时后服槟榔煎剂（槟榔80～100克，煎3次，每次加水500毫升，最后煎成半茶杯），再经半小时服硫酸镁溶液（硫酸镁20～30克）。然后多喝开水，忍住大便，不能再忍时用力排大便，这样能驱除完整虫体。

（2）灭绦灵（氯硝柳胺）用量为3克，早晨空腹1次嚼碎咽下，2小时后服硫酸镁20～30克作为泻剂。给病人驱虫时驱出的虫体应深埋，以防虫卵污染环境，引起人猪感染。

3.管 要求人进厕所，不能随地大便，猪要圈养，并且彻底消灭连茅圈。人粪要进行无害化处理后再作肥料。尤其在疫区要坚决杜绝猪吃人粪。

4.检 加强肉品卫生检验，发现猪囊虫后严格按国家规定处理猪肉。

子猪贫血

关键技术

诊断：病猪食欲时好时坏，生长缓慢，被毛粗乱，皮肤干燥，缺乏弹力，喜卧，异嗜，拉稀，黏膜苍白，血液稀薄。

防治：本病应以预防为主，一旦出现症状就会影响猪的生长。

子猪贫血是指15天至1月龄哺乳子猪所发生的一种营养性贫血。多为缺铁性贫血，常大批发生，造成严重损失。

（一）诊断要点

1.病因 子猪出生后生长发育快，对铁的需要量大，而长期在水泥、木地板面或网上饲养的子猪，不接触土壤，失去了摄取铁的来源，若没有采取补铁措施，则难于度过生理贫血期，发生缺铁性贫血。

2.症状 15天至1月龄的子猪群发，病猪精神沉郁，食欲减退，被毛粗乱，离群伏卧，体温不高。可视黏膜轻度黄染，严重的黏膜苍白。耳壳几乎见不到明显的血管，针刺很少出血。呼吸、脉搏增加，稍加运动，则心悸亢进，喘息不止。有的子猪外观肥胖，生长发育很快，奔跑中突然死亡，剖检可见贫血变化。

3.病变 皮肤、黏膜显著苍白，有的轻度黄染，病程长的多消瘦，体腔积液。实质脏器脂肪变性，血液稀薄，肌肉色淡，心扩张。胃肠及肺常有炎性病变。

（二）防治措施

1.预防 加强哺乳母猪的饲养管理，多喂富含蛋白质、无机盐和维生素的饲料，同时做好子猪补铁工作，具体做法如下。

（1）口服法：将2.5克硫酸亚铁、1.0克硫酸铜溶于1 000毫升的水中，用汤匙灌服，每天1次，每次0.25毫升／千克体重，连服7～14天。如能结合补给氯化钴50毫克／次或维生素B_{12}0.3～0.4毫克／次，配合应用叶酸5～10毫克，则效果更好。

（2）注射铁剂法：疗效快而确实。常用的铁制剂有右旋糖酐铁、葡萄糖铁钴注射液、山梨醇铁等，实践证明，3～5日龄肌肉注射葡萄糖铁钴注射液或右旋糖苷铁2毫升，15日龄再注射1次，可有效预防该病的发生。

2.治疗 本病应以预防为主，一旦出现症状，应立即补铁，方法同预防。

猪锌缺乏症

关键技术

诊断： 本病特征为皮肤上有大量灰黄色鳞屑，耳的边缘内卷，皮肤粗硬，开裂，繁殖机能及骨骼发育异常。

防治： 合理搭配日粮，满足猪对锌的需要是预防本病的关键。治疗宜补锌和局部处理。

猪锌缺乏症又称“皮肤不全角化症”，是一种慢性、非炎性疾病。本

病在舍饲猪中，发病率可达20%～80%，虽死亡率不高，但猪增重缓慢，种猪繁殖能力低下，经济损失很大，应引起重视。

（一）诊断要点

1.病因 饲料中含锌不足，不能满足猪的需要。饲料中钙的含量过高，多余的钙干扰锌的吸收，从而导致锌相对缺乏是最常见的原因。此外，植酸盐能与锌结合而降低其吸收率。对于猪来说，无论饲料中锌含量高低，只要植酸盐与锌的浓度比超过20：1，即可导致临界性锌缺乏。

2.症状 病猪食欲减退，生长缓慢，腹下、背部、股内侧和关节等部的皮肤发生对称性红斑，继而发展为直径为3～5毫米的丘疹，皮肤变厚，有裂隙，增厚的皮肤上覆易剥离的鳞屑。增厚的皮肤不发痒，常继发皮下脓肿。病猪常出现腹泻。如日粮得到矫正，皮肤病变可在10～45天内自然痊愈。

3.鉴别诊断 锌缺乏症易和疥癣病、渗出性皮炎混淆，应注意区别。疥癣病伴有明显的瘙痒症状，在皮肤的刮取物中，可发现引起疥癣病的螨虫，使用适当的杀虫制剂治疗，很快治愈。渗出性皮炎主要见于未断奶的子猪，病变具有滑腻性质，完全不同于锌缺乏症的干燥易裂的皮肤病变，而且死亡率较高。

（二）防治措施

1.预防 保证日粮中含有足够的锌，并适当限制钙的水平，使钙与锌之比维持在100：1。常用的添加剂有硫酸锌和碳酸锌，标准的补锌量为每1 000千克饲料中添加180克。

2.治疗 对发病猪只，补锌是临床治疗的关键。肌肉注射碳酸锌2～4毫克／千克体重，每天1次，10天为一疗程，一疗程即可见效。内服硫酸锌0.2～0.5克／头，对皮肤角化不全和因锌缺乏引起的皮炎损伤，数天后即可见效，经过数周治疗，损伤可完全恢复。

五、珍禽疾病

禽新城疫病

关键技术

诊断：禽新城疫初期食欲减退或废绝，产蛋量下降。后期咳嗽，呼吸困难，并有神经症状；剖检可见雉鸡腺胃、肠道及卵巢有明显出血点。尤其食道及腺胃与肌胃的接头处，黏膜上有出血点及血斑，这是本病特有症状。鹌鹑新城疫缺乏鸡新城疫典型变化，消化道、呼吸道充血、出血，多数产蛋鹌鹑卵泡充血、出血、变形，有的破裂，发生卵黄性腹膜炎。

防治：定期注射新城疫疫苗，同时搞好环境卫生是预防本病的关键，目前无特效药物治疗本病。

新城疫又名亚洲鸡瘟，是鸡、雉鸡、鹌鹑等多种禽类的一种急性败血性传染病。

（一）诊断要点

1.流行特点 雉鸡、鹌鹑对本病易感性高，雉鸡任何季节均可发病，但以春秋两季多发；鹌鹑多在新城疫流行后期发生。本病的传染源是病禽以及带毒的禽。病禽的唾液、鼻涕、粪便均含有大量病毒，污染了饲料、饮水及用具后即可造成该病流行。病禽咳嗽或打喷嚏时，飞沫中含有大量病毒，健康禽吸入后，亦可感染。带毒禽的存在是本病流行的主要因素。

2.症状 典型新城疫雉鸡、鹌鹑食欲减退或废绝，精神不振，产蛋量下降，羽毛散乱，不愿走动。病雉咳嗽，呼吸困难，常发出“咯咯”声，粪便呈黄绿色，并有神经症状，头向后或向一侧瘫倒，病程2～4天，死亡率高达90%。鹌鹑患病初期食欲不振，软壳蛋或白壳蛋增多，之后产蛋量急剧下降，后期出现神经症状，头颈扭曲独居一处，下痢，最终死亡。发病大多是40～70日龄青年鹌鹑，7月龄以上鹌鹑发病率较低。

3.病变 雉鸡新城疫腺胃、肠道及卵巢有明显出血点，尤其食道及腺胃与肌胃的接头处，黏膜上有出血点及血斑，这是本病特有症状。病程稍久的常出现溃疡，溃疡面有一层黄色或灰绿色的厚膜。鹌鹑新城疫缺乏鸡新城疫典型变化，消化道和呼吸道充血、出血，多数产蛋鹌鹑卵泡充血、出血、变形，有的破裂，发生卵黄性腹膜炎。

（二）防治措施

本病目前尚无可靠有效治疗药物，故应以免疫预防为主。

成年雉鸡接种Ⅰ系疫苗可收到良好效果。雏雉鸡在10～20日龄可用Ⅳ系或克隆30滴鼻或点眼免疫，雉鸡在90～120日龄时，注射Ⅰ系疫苗可收到很好效果。

幼鹌鹑7～10日龄用Ⅳ系或克隆30饮水免疫，1月龄时用Ⅰ系苗以1：500稀释肌注，每只0.5毫升重复1次。也可用活毒苗喷雾接种，1周龄第一次喷雾，产蛋前一天重复1次，也可以达到同样效果。

禽马立克氏病

关键技术

诊断：本病以外周神经、性腺、虹膜、各种脏器肌肉和皮肤的单核细胞浸润为特征。

防治：本病重在免疫预防。

马立克氏病是雉鸡、鹌鹑、鹧鸪等禽类常见的一种淋巴肿瘤性疾病。

（一）诊断要点

1.流行特点 雉鸡、鹧鸪、鹌鹑均感染本病，幼禽易感。病禽和带毒禽是主要传染源。本病潜伏期长，可达数十天，外部症状不明显。病毒通过病禽直接或间接接触传播，或通过呼吸摄入病禽脱落的皮屑、羽毛而感染。本病暴发期常在3～4周龄，幼年禽易感性高于成年禽。

2.症状 分三种类型。

（1）神经型：病禽常出现步态不稳，一肢前伸一肢后伸的特征性劈叉姿态，有的伴随头歪斜或下垂，一侧翅膀下垂，最终归于死亡。

（2）眼型：病禽眼睛受损出现“灰眼病”，视力下降甚至消失，后期排绿色稀粪，最终衰竭而死。

（3）内脏型：主要表现为精神委靡，不吃食，病程短，突然死亡。

3.病变 外周神经发生淋巴样浸润和肿大，神经较正常粗2～5倍，呈白色或黄白色水肿，神经横纹消失。如内脏受损，许多器官出现淋巴细胞肿瘤病变，肝、心、肺、脾、肾、卵巢等形成一个或多个淋巴瘤病灶。尤其母禽的卵巢可肿大3～7倍。

（二）防治措施

本病目前尚无有效的药物治疗方法，应以预防为主。

1.加强平时预防措施 雏禽出壳后，育雏室必须先严格打扫与消毒后再放入雏禽；育雏室必须远离其他年龄的家禽，因马立克氏病主要呈水平传播，即经其他家禽排毒感染而来。

2.疫苗免疫 目前除了采用火鸡疱疹病毒疫苗外，常使用双价或三价（火鸡疱疹病毒疫苗和马立克氏病毒疫苗）进行接种。据报道，用美国进口马立克氏病疫苗预防效果较好，雏雉、鹌鹑、鹧鸪在出壳后24小时内进行皮下注射，可产生较好免疫力。

禽痘

关键技术

诊断： 本病的主要特征为在皮肤、口角、鸡冠等处出现痘疹，在口腔、喉头和食道黏膜上，发生白喉性伪膜。临床上可分为皮肤型、黏膜型和混合型。

防治：接种鸡痘弱毒疫苗，可有效地预防发病。应用中药治疗有一定疗效。

禽痘是由禽痘病毒引起的禽类一种急性、热性、高度接触传染性的疾病，也是雉鸡、火鸡和贵妇鸡的常见病之一。

（一）诊断要点

1.流行特点 本病全年都可发生，但以秋冬季节发生较多。各种年龄和品种的禽都易感，但雏禽发病最为严重。夏季发生时，多出现皮肤型病例，症状明显但死亡率不高。春秋季发生的，尤其是4个月龄以下幼雏感染时，以出现黏膜型病例较多，常引起死亡。

2.症状与病变 禽痘的潜伏期为4～10天，据症状和病变可分为三个类型：皮肤型、黏膜型和混合型。

（1）皮肤型：初期在冠、肉垂、口角、眼睑等无毛处出现红色隆起的圆斑，逐渐变为痘疹。初呈灰色，后为黄灰色，经1～2天后形成痂皮，然后周围出现新的痘疹，在冠和肉垂的表面形成一大片痂皮，痂皮脱落后形成瘢痕。眼睑发生痘疹时，由于皮肤增厚，可使眼缝完全闭和。单纯皮肤型禽痘，全身症状很轻，若病变范围大，表现精神沉郁，食欲不佳，体温升高，产蛋停止或减少。

（2）黏膜型（白喉型）：在口腔、咽喉黏膜上发生痘疹。初期为黄白色的圆形、稍突起的斑点，逐渐扩散成白喉样伪膜，不易剥离，当剥离或自然脱落后，留下稍下陷的溃疡。喉头有伪膜时，可引起呼吸困难，最后因窒息而死。侵害鼻咽部时，则鼻泪管和下眼窝发炎，在鼻窦中蓄积淡白色黏液和脓性分泌物。侵害眼睛时，初期呈现卡他性结膜炎，进而出现大量淡黄色黏液和脓性分泌物或纤维蛋白性渗出物。将眼睛翻开，可见到干燥的黄白色块状物。全身初期变化不大，逐渐吞咽困难，精神沉郁，腹泻，逐渐消瘦，多数呈慢性经过而死亡。

（3）混合型：本型是指皮肤和口腔同时发生病变，病情严重，死亡率高。

3.鉴别诊断 皮肤型禽痘不难做出诊断，而有呼吸道症状的白喉型禽痘应与其他呼吸道感染相区别，特别是传染性喉气管炎。另外，雏禽泛酸和生物素缺乏、维生素A缺乏也易与黏膜型禽痘病变相混淆。

（二）防治措施

1.预防

（1）加强禽群的卫生、消毒、管理和消灭吸血昆虫等各种预防措施。

（2）接种禽痘毒疫苗：按实含组织量用生理盐水稀释100倍后，用消过毒的笔尖或接种针蘸取疫苗，在禽翅内侧无血管处皮下刺种。1个月龄内的禽刺1下，一个月龄以上的禽刺2下。或按禽的年龄稀释疫苗，1～15日龄禽稀释200倍，15～60日龄禽稀释100倍，2～4月龄禽稀释50倍，每禽刺种1下，刺种后3～4天，刺种部位微现红肿、水疱和结痂，1～2周结痂脱落，表示刺种成功。否则应予补种。免疫期成禽5个月，雏禽2个月。

2.治疗 目前尚无特效药物，主要采用对症治疗，以减轻病情和防止并发症。皮肤上的痘痂，一般不作治疗，如果发病数量较少或必要时，可用清洁镊子小心剥离，伤口涂紫药水或碘酒，患白喉型禽痘时，喉部黏膜上的假膜用镊子剥离，0.1%高锰酸钾洗后，用碘甘油、鱼肝油涂擦，可避免窒息死亡。眼部如果发生肿胀，眼球尚未损坏，可将眼部蓄积的干酪样物质排除，然后用2%硼酸溶液或0.1%高锰酸钾溶液冲洗，再滴入5%蛋白银溶液。剥下的假膜、痘痂或干酪样物都应烧掉，严禁乱丢，以防散毒。

乌骨鸡传染性支气管炎

关键技术

诊断：据临床表现可分为两种类型：以呼吸道症状为主的和以肾脏病变为主的传染性支气管炎。前者病雏表现咳嗽、喷嚏、气管罗音、呼吸困难，成年乌骨鸡表现蛋品质变劣，产蛋率下降；后者以肾变为主，呼吸道无明显症状，剖检可见肾脏明显肿大，肾脏外观呈现花斑状。

防治：搞好环境卫生，做好免疫接种是预防本病的关键。本病无特效治疗药物，主要采用对症治疗，同时应用抗生素防止继发感染。

传染性支气管炎是乌骨鸡的一种急性高度接触性呼吸道传染病，是乌

骨鸡的一种主要传染病。就本病的后果来说，呼吸道炎症仅造成有限的死亡，主要损害生殖器官。成年母乌骨鸡发病后产蛋率下降一半以上，出现大量的畸形蛋，恢复很缓慢；幼龄母乌骨鸡发病后输卵管萎缩，长大后不能正常产蛋或丧失产蛋能力。

（一）诊断要点

1.流行特点 本病不同年龄、品种的乌骨鸡均易感染，但主要侵害1～4周龄的雏。其传播速度快，几乎在同一时间内，有接触史的易感乌骨鸡都可发病，但流行过程不长，6周龄以上的乌骨鸡极少死亡。

传染性支气管炎主要通过病乌骨鸡咳出的飞沫经呼吸道传播；也可通过污染的饲料、饮水和饲养用具间接传播。

2.症状 以呼吸道症状为主的传染性支气管炎，幼雏多发生于5周龄以内。病雏精神沉郁，厌食，呼吸困难，张口喘息，将病雏放在耳边可听到明显罗音，病雏多因呼吸极度困难，窒息而死。病程可达10～15天。稍大日龄的乌骨鸡患病，呼吸道症状不十分明显，罗音和喘息症状较轻。成年乌骨鸡发病，主要表现为产蛋下降，产软壳蛋、畸形蛋、粗皮蛋等，蛋质量下降，蛋清稀薄如水，蛋黄与蛋清分离。

以肾脏病变为主的传染性支气管炎，是目前发生多、流行范围广的疾病，20～30日龄是本病的高发期。在同一乌骨鸡场本病可在多批次的幼乌骨鸡中连续发病。病乌骨鸡下痢，但呼吸道症状不明显，或呈一过性。40日龄以后的乌骨鸡群发病较少，成年乌骨鸡发病少见。

3.病变 以呼吸道症状为主的病死雏，呼吸道呈卡他性炎症，有浆液性分泌物，在气管下部常见到黏性或干酪样分泌物并形成气管内栓塞。有的可见肺炎灶。气囊混浊，囊腔内可见黄色干酪样渗出物。成年乌骨鸡可见卵黄性腹膜炎，卵子充血、出血或变形。

有的乌骨鸡外观健康，却不产蛋。这种乌骨鸡剖杀后可见卵巢发育较正常，但输卵管壁薄，输卵管缩短，不可能产蛋。有的乌骨鸡输卵管积水，病乌骨鸡呈企鹅状，卵子发育也较正常或卵巢根本不发育。

以肾脏病变为主的病死乌骨鸡，呼吸道多数无明显变化，部分乌骨鸡仅有少量分泌物。最主要的变化是肾脏明显肿大，色淡，肾小管和输尿管充盈尿酸盐而扩张，肾脏外观呈现花斑状。

4.鉴别诊断 临床上应与新城疫、禽流感、传染性喉气管炎和传染性鼻炎等相区别。

（1）新城疫：一般情况下要比传染性支气管炎更严重，在幼乌骨鸡中有时可见神经症状，而产蛋乌骨鸡群产蛋率下降不如传染性支气管炎明显。

（2）禽流感：有呼吸道症状，出现肾脏病变等，难与传染性支气管炎区别，但禽流感全身的浆膜、黏膜出血，如心冠、腹膜、内脏浆膜、肠道黏膜和喉头器官黏膜等都有广泛性出血点。此外，传染性支气管炎缺乏腺胃及肠道的变化。

（3）减蛋综合征：成年乌骨鸡的传染性支气管炎引起的产蛋下降和蛋壳质量改变易与减蛋综合征（EDS-76）相混淆，但后者对蛋清的影响不明显。

（4）传染性喉气管炎：传染性喉气管炎的呼吸症状更为严重，且很少发生于雏乌骨鸡，而传染性支气管炎则可使各种年龄的乌骨鸡发生。

（5）传染性鼻炎：传染性鼻炎的病乌骨鸡常见面部肿胀，而传染性支气管炎则很少见。

（二）防治措施

1.预防 加强饲养管理，注意禽舍环境卫生，保持通风良好，注意保暖是降低雏禽阶段本病死亡率的一个重要措施。免疫接种：目前常用的疫苗有活苗和灭活苗两种，我国使用较为广泛的是活苗H_{120}和H_{52}株疫苗，H_{120}株只使用于雏禽，而H_{52}只能用于经H_{120}免疫过的成年禽。生产中可供使用的还有H_{a5}、M_{41}、H_{94}、肾型传染性支气管炎苗。由于传染性支气管炎病毒血清型较多，各血清型之间交叉保护性差，多价苗要比一个毒株制成的苗免疫效果好。有条件的单位可根据当地流行的血清型株制备疫苗，并制订合理的免疫计划。

一般的免疫程序是3～5日龄接种H_{120}弱毒株，1月龄、2～4月龄用H_{52}疫苗加强免疫1～2次，种禽和产蛋禽在开产前用灭活苗再接种1次。

现生产中多采用7日龄用H_{120}配合肾型传染性支气管炎首免，10～14日龄用传染性支气管炎多价灭活苗0.5个剂量注射1次，30日龄左右再注射1次，持续到开产前，用新—减—传染性支气管炎多价三联灭活苗再接种1次。

2.治疗 本病虽无特效药物治疗，但用一些缓解症状的西药和中草药，可明显降低死亡率，缩短病程，促进恢复。如用肾肿解毒药来促进尿酸盐的排泄，抗病毒中草药和强力霉素或环丙杀星等来阻止病毒的进一步复制和防止呼吸道感染，用清热解毒、止咳平喘的中药方剂，联合用药，一般3～4天可控制死亡。临床治疗效果较好。

鸵鸟传染性喉气管炎

关键技术

诊断：本病的主要特征为：呼吸困难、咳嗽和咳出带血样渗出物，喉部和气管黏膜肿胀、出血并形成糜烂。

防治：从未发生过该病的禽场不接种该病疫苗，主要通过加强饲养管理，提高禽群的健康水平，切断传染源来控制本病的发生。对发生过该病的禽场及受该病病毒污染的地区，应用喉气管炎弱毒苗给禽群免疫。治疗宜对症处理，预防继发感染。

鸵鸟传染性喉气管炎是由病毒引起鸵鸟的一种急性呼吸道传染病，该病不仅使产蛋下降，还可导致鸵鸟死亡，给养鸟业带来巨大经济损失。

（一）诊断要点

1.流行特点 本病一年四季都可发生，但以秋冬季较高。传播方式主要通过上呼吸道和眼结膜。污染的器具、垫料能引起机械性传播，接种过本病疫苗的鸟，在较长时期内排出有致病力的病毒。

2.症状 病鸟主要表现为咳嗽、打喷嚏、张口伸颈喘息，有呼吸罗音。严重病例咳嗽频频，常咳出带血的黏液。炎性物阻塞气管可引起窒息死亡。

发病产蛋鸟产蛋量下降，出现软壳蛋、退色蛋、粗壳蛋。有些鸟群发病时，还出现严重的眼炎，大多为单眼结膜充血，眼皮肿胀凸起，眼内蓄积豆渣样物质。

病鸟迅速消瘦，病程1～2周，死亡率10%～20%。

3.病变 主要在喉和气管。早期呈黏液性炎症，气管黏膜出血；后期黏膜变性坏死，呈糜烂灶。有时气管内可见一层血性渗出物或血凝块阻塞管腔。

（二）防治措施

1.预防

（1）认真执行兽医卫生综合防治措施，加强饲养管理，提高禽群的健康水平，改善禽舍通风条件，降低禽舍内有害气体的含量，坚持严格的隔离、消毒等防疫措施，是防止本病的有效方法。由于带毒鸵鸟是本病的主要传染源之一，故新购入鸵鸟必须隔离观察1个月以上方可合群。

（2）预防接种：接种弱毒苗虽能产生坚强的免疫力，但由于它们能带毒排毒，因此，建议在从未发生过该病的禽场不接种该疫苗。对发生过该病的禽场及受该病毒污染的地区，应用喉气管炎弱毒苗给禽群免疫。

2.治疗 目前尚无特效治疗药物。对呼吸困难的病鸟，可用镊子摘除喉部和气管上端的干酪样假膜，可使呼吸困难症状缓解。另外，用清热解毒、化痰止咳的中药有一定的治疗效果。

幼鹑传染性法氏囊病

关键技术

诊断：病鹑畏寒、羽毛蓬乱，排白色水样粪便。剖检可见该病的特征性病变：法氏囊肿胀、出血、坏死，胸肌、腿肌出血，腺胃、肌胃交界处条状出血。

防治：定期注射法氏囊疫苗，同时搞好环境卫生是预防本病的关键，治疗可使用卵黄抗体。

传染性法氏囊病是一种急性接触性传染病，以破坏免疫器官法氏囊为主，该病潜伏期短，流行迅速，死亡率高。

（一）诊断要点

1.流行特点 自然条件下鹌鹑可发生本病，主要发生于3～5周龄鹑。该病突然发生并迅速蔓延。病毒在鹑舍存活时间较长，被污染的饲料、饮水和粪便，在52天内仍有感染性。

2.症状 病鹑表现为精神委顿，畏寒，堆在一起，不愿走动，羽毛蓬乱；采食、饮水减少甚至废绝，拉白色稀便，有的呈水样。肛门周围羽毛被粪便污染。脱水，身体衰弱，脱水严重的病鹑步态不稳，最后衰竭至死。

3.病变 大腿及胸部肌肉有出血斑或条纹状出血；法氏囊肿大，切开后见有混浊的液体，黏膜水肿，黏膜面有出血点；脾脏轻度肿大，呈红褐色；肾脏稍肿，有尿酸盐沉积，呈花斑肾。

（二）防治措施

1.预防 本病目前以免疫为主。使用疫苗有2种：弱毒苗和法氏囊油剂灭活疫苗。雏鹑1日龄肌肉注射免疫1次，于28日龄再进行1次饮水免疫（用弱毒苗饮水免疫）。

2.治疗 发病鹑群用抗鸡法氏囊病高免卵黄抗体对发病鹌鹑进行治疗，同时给予大量口服补液盐辅助治疗，可以迅速控制病情。

雉鸡结核病

关键技术

诊断：患病雉鸡表现为进行性消瘦，胸骨突出，羽毛蓬乱。剖检可见肝、脾、肺、肠系膜等部位具有典型的米粒大至拇指大小不等的结核结节，呈乳白色，质地坚实。尤其肝脏，严重者整个肝面布满结节。

防治：本病无治疗价值，应以预防为主。注射雉鸡结核灭活苗，同时定期进行血清学检验，淘汰阳性鸡，做好隔离消毒工作是预防本病的关键措施。

雉鸡结核病是由禽型结核分枝杆菌引起的一种慢性传染性疾病。该病是危害雉鸡养殖业最严重的疾病之一。

（一）诊断要点

1.流行特点 雉鸡易感性高，本病传染源是感染结核的雉鸡或家禽及其他动物。传播主要通过呼吸道、消化道，多为散发或地方性流行。饲养管理不善、卫生条件差易诱导本病发生。

2.症状 初期无明显的临床症状，呈慢性经过，随病情的发展，在临床上可见到雉鸡进行性消瘦，胸骨突出，羽毛蓬乱、无光泽，不爱活动，常独处阴暗地方打瞌睡，产蛋量明显下降，最终衰竭而死。病程一般15天至2个月。

3.病变 死于结核病的雉鸡剖检呈典型病理变化，在肝、脾、肾、卵巢、肺、腹腔及胸腔黏膜等部位都可见到典型的米粒大至拇指大小不等的结核结节，呈乳白色，质地坚实，以肝、肺、脾、肠系膜处结核结节为多见，尤其肝脏，严重者整个肝表面布满结节。

（二）防治措施

1.综合性预防措施 对感染结核的雉鸡群每年应进行2次检疫，即产卵前（4～5月份）检疫一次，清除阳性鸡。秋季（9～10月份）对成年雉鸡及育成雉鸡进行检疫，淘汰阳性雉鸡，阴性者放入消毒好的笼舍内饲养。对健康雉鸡场，每年春季产卵前进行全群血检一次，以便及时清除结核阳性雉鸡，必要时可考虑用雉鸡结核灭活菌苗进行预防接种。同时进行一次全场大消毒，地面垫上新沙。育雏用的种蛋一定选用血检阴性雉鸡所产蛋，并对种蛋用福尔马林熏蒸消毒后进行孵化。

2.疫苗免疫预防 目前中国农业科学院特产研究所已成功研制出了雉鸡结核灭活疫苗，经免疫试验和现场应用免疫效果良好，保护率达86.7%。该疫苗免疫成年雉鸡，免疫期半年。

本病用抗结核的药物如链霉素、异烟肼可以治疗，但疗程长、费用高，故无太大治疗价值。该菌可感染饲养人员，平时应注意防护。

禽霍乱

关键技术

诊断：病禽体温升高，羽毛蓬乱，翅膀下垂，头常藏于翅内。呼吸困难，常发出咯咯声，口鼻流出黏液，并排出黄绿色有恶臭气味稀粪。剖检可见突然死亡者病变不明显，只见心外膜有少量出血点。病程稍长者，可看到口腔和鼻孔内充满黏液，脏器充血，尤其肝脏，呈红黄色，边缘钝圆，有针尖大至粟粒大小黄色或白色坏死灶。母禽卵巢变性坏死。

防治：定期注射疫苗，同时加强饲养管理搞好环境卫生可预防本病的发生。治疗宜采用抗生素。

禽霍乱又名禽巴氏杆菌病、禽出血性败血症，是由多杀性巴氏杆菌引起的雉鸡、珍珠鸡、鹌鹑、鹧鸪等禽类的一种接触性传染病。该病分布于世界各地，也是危害我国养禽业的常见传染病之一。

（一）诊断要点

1.流行特点 本病常散发，较少发生流行。康复禽或健康带菌禽是主要传染源，病禽的排泄物和分泌物中含有大量本菌，污染饲料、饮水、用具及环境，经消化道传染给健康家禽，或通过飞沫经呼吸道传染。此外，吸血昆虫也是传播本病媒介之一。

2.症状 自然感染的潜伏期一般为2～5天。

（1）最急性型：几乎看不到任何症状，突然死在禽舍或栖架下，有的下完蛋就死在蛋窝里，肥壮、高产的禽易发生最急性型的禽霍乱。发病初期常呈最急性，突然死亡1～2只，以后逐日增多。

（2）急性型：大多数病例为急性经过。主要表现为精神沉郁，食欲减退或废绝，体温升高，饮水量增大，羽毛蓬乱，无光泽，翅膀下垂，头常藏于翅内，呼吸困难，常发出咯咯声，口鼻流出黏液，并排出黄绿色有恶臭气味稀粪，产蛋量下降。发病后1～3天死亡。

（3）慢性型：多为急性病例转来，病鸡精神不振、冠髯苍白，有的发生水肿，变硬。关节肿胀化脓，行走困难。少数病例在耳部或头部，发生肿胀、化脓，坏死引起歪颈。有的可见鼻窦肿胀，鼻腔分泌物增多，分泌物有特殊臭味。有的慢性病鸡长期拉稀，病程可延长到几个星期。

3.病变 最急性病例，病变不明显。只见心外膜有少量出血点，肝脏表面有数个针头大小的灰黄色或灰白色坏死点。急性病例，鼻腔里有黏液，脏器充血，心包、腹腔内积有较多黄色液体。肝、脾、肾、心包膜、肠系膜、肺等有大小不等的出血点，尤其肝脏，呈红黄色，边缘钝圆，有针尖大至粟粒大小黄色或白色坏死灶。慢性病例的特征是局限性感染，当以呼吸道症状为主时，可见到鼻腔、气管呈卡他性炎症，分泌物增多，肺变实。如果病变是局限于肉髯则肉髯水肿而后坏死。如果是局限于关节的病例，据病程长短，主要见于腿部和翅膀等部位关节肿大、变形，有炎性渗出物和干酪样坏死。慢性病例的产蛋禽还可见到卵巢变性坏死，卵泡呈浅黄色，有的呈椰菜花样，腹腔内器官表面附着干酪样的卵黄样物质。

（二）防治措施

1.预防 由于本病发病急、病程短、死亡快，往往来不及治疗或疗效不佳，因此必须依靠综合预防措施。

（1）加强饲养管理：多杀性巴氏杆菌为条件性致病菌，加强饲养管理，搞好环境卫生，对禽舍及环境定期消毒，能对本病产生遏制作用。平时禽舍温度要适宜，通风要良好，特别夏季更需做好防暑降温工作。

（2）搞好免疫接种：禽霍乱菌苗虽然免疫的效果不够理想，但还应尽量进行预防接种。目前国内使用的菌苗主要有禽霍乱氢氧化铝甲醛菌苗、禽霍乱$G_{190}E_{40}$活菌苗、霍乱蜂胶佐剂苗，其中霍乱蜂胶佐剂苗免疫效果较好，免疫期达6个月。

（3）药物预防：有计划地进行药物预防是控制本病的一项重要措施，特别是对于不进行疫苗接种的禽场更为重要。一般从2月龄左右开始就要使用药物预防，常用的药物有：土霉素、磺胺类药物等。

2.治疗 禽群一旦发病，除采取消毒、隔离等措施外，应立即进行大群治疗。

（1）抗生素：土霉素、链霉素等均有良好的效果。土霉素0.05%～0.1%拌料，连用5～7天。每只成鸡肌肉注射青霉素、链霉素各2万单位，每天1次，连用3天，有一定效果。

（2）磺胺类：磺胺二甲嘧啶（SMZ）、磺胺噻唑（SN）、磺胺二甲氧嘧啶（SDM）及磺胺喹恶啉（SQ）等均有疗效。

（3）高免血清：对经济价值较大的禽可用禽霍乱高免血清治疗，2毫升／千克体重，1次／天，连用2～3天，疗效较好。

禽白痢

关键技术

诊断：本病主要侵害雏禽，以下痢为主。

防治：目前本病仍无疫苗可用，故预防的最有效措施是切断传播途径。治疗宜抗菌止痢。

雉鸡、珍珠鸡、鹧鸪、鹌鹑白痢是由鸡白痢沙门氏菌引起的一种急性败血性传染病，主要侵害雏禽，使其产生白色下痢和败血症，是禽类的主要传染病之一，给养禽业带来较大损失。

（一）诊断要点

1.流行特点 雉鸡、珍珠鸡、鹧鸪、鹌鹑对本菌均易感。以2～3周龄雏禽发病率和死亡率为最高。初生3～4天即可发病，传播迅速。病禽和带菌禽类是本病的主要传染源，被污染的饲料、饮水、用具均可成为传染源。本病还可通过种蛋垂直传播给雏禽，使禽白痢难于根绝。本病一年四季均可发生，多见于幼禽。环境卫生不良、气候潮湿、拥挤、气温突变、长途运输等因素均可促使本病发生。

2.症状 带菌蛋孵化时，在孵化期内发生死亡，或孵出不能出壳的弱胚，或出壳1～2天死亡，症状不明显。孵出后在孵化器或育雏初期感染的雏禽，在孵出后5～6天开始死亡。也有外表健康，但以后发病逐渐增多，到2～3周龄时达最高峰。病雏表现为精神不振，怕冷拥挤在一起，闭目垂头，翅膀下垂，两肢叉开，羽毛松乱。排出灰白色糨糊状粪便，常黏着在肛门周围，干后黏结堵住肛门，排粪不畅，排粪时发出尖叫声，病雏逐渐消瘦，最后衰竭至死。初生3～4日龄发病死亡较多，有些耐过雏禽转为慢性经过。成年禽患白痢呈隐性经过。

3.病变 早期死亡的病雏，无明显病变，只见肝肿大充血，胆囊充盈大量胆汁，肺充血或出血。病程稍长的病雏，可见卵黄吸收不全，卵黄内容物变为淡黄色，呈干酪样或油脂状，在肺、心肌上有米粒大小灰褐色或灰白色坏死结节，致使心脏增大变形，肝有白色、灰色坏死点，有的病雏在肌胃、盲肠、大肠黏膜上也见有坏死点。盲肠中有灰白色干酪样物质嵌塞肠腔，脾充血肿大或见坏死点。肾肿大、充血或出血，输尿管内充满尿酸盐。

4.鉴别诊断 诊断时雏禽白痢应注意与禽副伤寒、禽球虫病、雏禽曲霉菌病相区别，而成年禽感染白痢病时应注意和禽霍乱、大肠杆菌病、禽伤寒相区别。

（1）禽副伤寒：雏禽副伤寒主要发生于2周龄之内，死亡多发生于7日龄内，病雏为水样腹泻。而雏禽白痢的死亡高峰通常在2～3周龄，病雏拉白色糊状粪便，剖检可见肾小管和输尿管扩张，呈白色，其内充满尿酸盐，在心脏和肺脏上有隆起的灰白色结节，可与禽副伤寒相区别。

（2）禽球虫病：盲肠球虫病主要见于3～6周龄的幼禽，病禽发生出血性下痢，剖检可见盲肠膨大，内部充满血液或血凝块，据此可与禽白痢区别。

（3）雏禽曲霉菌病：多发生于温暖潮湿季节，病雏以呼吸急促、张口喘气为特征，剖检可见肺、气囊、胸腹腔有小米至绿豆大的灰白色或黄白色的霉菌结节，而雏禽白痢以拉白色糊状粪便为主要特征，剖检呈败血症病变。

（二）防治措施

1.预防 本病的预防目前仍无疫苗可用，虽药物可以预防和治疗，但治疗后的禽仍可长期带菌，并经蛋传播。故对本病的预防应采取综合措施。

（1）净化各禽群：检疫并淘汰阳性带菌禽，建立和保持无白痢禽群是预防本病的关键措施，也是种禽场做净化工作的主要内容，建立健康阳性禽群方法如下。

种禽应来自无白痢病的禽场。已污染的种禽群，应于16周龄时检疫1次，以后每隔2～4周检1次，连检3～4次。每次检出的阳性禽应全部淘汰，并对禽场进行全面、彻底的消毒直至全群无一只阳性禽出现，再隔2周做最后一次检疫，若无阳性出现，才可作为健康禽群。以后每半年检1次，一旦有一只阳性禽，就要进行细菌学检查，若分离到了本菌，则应视为禽白痢阳性禽群，需按上述步骤重新检疫重新淘汰阳性禽，才能再建立健康禽群。在禽白痢病检疫之前2～3周，应停喂任何抗沙门氏菌的抗生素药物。因某些药物如痢特灵等，可抑制白痢抗体的产生，影响检疫效果。

（2）搞好孵化环节的消毒和卫生：孵化前，对孵化器进行福尔马林熏蒸消毒，种蛋也要进行消毒，减少本病发生。

（3）加强幼雏的卫生管理：对育雏室、育雏器经常消毒。保持育雏室的温度、湿度和通风，饲养密度要适当。注重环境消毒，防止其他动物进入禽舍。

（4）投药预防：雏鸡出壳后，可用高锰酸钾、环丙杀星饮水，以及使用一些中草药制剂等可有效地预防禽白痢的发生。近几年，微生态制剂的使用取得了很大进展，如促菌生、调痢生、乳酸菌、EM等，它们无毒、安全，无任何不良反应，价格低廉。但应注意使用微生态制剂的前后各4～5天内禁用抗菌药物，因它们都为活菌制剂。

2.治疗 本病用多种药物均能取得较好疗效。但只能减少或缓解禽群的发病和死亡，不能完全消灭体内细菌。该菌易产生耐药性，故治疗时，最好先从发病或死亡禽体内分离细菌，进行药物敏感试验，选择高敏药物用于治疗，避免药物的浪费和引起禽群的不必要损失。

可用药物有土霉素、环丙杀星、恩诺杀星等，均有疗效。

禽支原体病

关键技术

诊断：本病的主要特征为呼吸罗音、咳嗽、流鼻涕，剖检可见气囊内有渗出物。成年鸡产蛋率降低及病程长。

防治：预防本病的措施为在注射疫苗的同时，应注意加强种鸡的管理，以免垂直传播。治疗宜采用抗生素。

禽支原体病又称“慢性呼吸道病”或“败血霉形体病”，是由霉形体引起的一种家禽慢性呼吸道疾病。该病是近几年养鸡业中最常见的多发病之一，同时也是火鸡、珍珠鸡、鹧鸪、鸵鸟的一种常见病。本病虽然死亡率不高，但可造成幼禽生长不良，成禽产蛋减少，禽群淘汰率高。

（一）诊断要点

1.流行特点 该病主要为接触传染和空气传染，还能通过种蛋垂直传播。一年四季均可发生，寒冷季节较为严重，1～2月龄幼禽最易流行，成年禽呈散发性，传播与流行较慢。如遇寄生虫感染或环境太差、营养缺乏等情况，则可暴发或复发。

2.症状 各种年龄的禽均可感染发病，但以4～8周龄的幼禽多发，表现为食欲减退、喷嚏、咳嗽、气管罗音、呼吸困难。当有并发症时，病禽衰弱，呼吸道症状严重，死亡率增加。有的病禽眼睑和面部肿胀，眼眶内积有干酪样渗出物。成年禽的产蛋量降低，有的可降30%。

3.病变 鼻腔、气管内有大量浆液、黏液性分泌物潴留。喉头黏膜轻度水肿、充血和出血，有较多呈灰白色黏性、脓性分泌物，有的为黄白色干酪样渗出物。气囊混浊，增厚。严重病例有时可发生纤维素性或脓性心包炎或肝包炎。

4.鉴别诊断 诊断时应注意同传染性支气管炎、传染性喉气管炎、传染性鼻炎、曲霉菌病等病相区别。

（1）传染性支气管炎：传播比本病迅速，气管罗音、咳嗽、喷嚏、喘气等呼吸道症状明显，幼禽的死亡率高。成年禽的蛋品质下降，蛋清稀薄，产出畸形蛋、软壳蛋、粗壳蛋和退色蛋，可区别于本病。

（2）传染性喉气管炎：多见于成年禽，表现为严重的呼吸困难、张口伸颈、咳出血样黏液，剖检喉头和气管出血，病死率高，而本病呼吸困难的症状较轻微，剖检无上述症状，病死率低。

（3）传染性鼻炎：传染性鼻炎的发病日龄、症状等与本病相似，不易区别，而且常混合感染，但传染性鼻炎发病快，呈急性经过，而气囊很少受害，与本病有所不同，由于用链霉素、强力霉素、泰乐菌素等对这两种病均有较确实的疗效，故二者不能区分时，选用上述药物均可得到治疗。

（4）曲霉菌病：多发生于潮湿、温暖季节，病雏呼吸急促，张口喘气，呈急性群发性，发病率和死亡率都很高。剖检可见肺、气囊壁、胸腹腔上散在有大量的黄白色或灰白色霉菌结节。而本病多发生于冬春寒冷季节，病鸡呼吸困难症状较轻，发病率高，死亡率低。剖检可见鼻道和气管中有卡他性渗出物，气囊壁增厚混浊，上有黏液或干酪样渗出物，在肺、气囊、胸腹腔上无霉菌结节。

（二）防治措施

1.预防 本病既可水平传播，又可垂直传播，因此在预防上应做到如下几点：

（1）建立无霉形体感染的种禽群。引进种禽或种蛋必须从确实无霉形体的禽场购买，并定期对禽群进行检疫。种禽在8周龄时，每栏随机抽取5%做平板凝聚试验，以后每隔4周重检一次，每次检出的阳性禽应彻底淘汰，不能留做种用。坚持净化禽群的工作。

（2）对来自霉形体污染种禽群的种蛋，应进行严格消毒。每天从禽舍内收集种蛋后，在2小时内用甲醛进行熏蒸消毒，之后贮存于蛋库。入孵前除进行常规的种蛋消毒外，还需先将种蛋预热（37℃），然后将温热的种蛋放入冷的含0.05%～0.1%红霉素的溶液中浸泡15～20分钟，由于温度的差异，抗生素被吸收进入蛋内，可减少种蛋感染。

（3）对带菌种禽，如果确实由于某些特殊原因不能淘汰，那么在开产前和产蛋期间应肌肉注射普杀平或链霉素，每月1次，同时在饮水中加入红霉素、北里霉素等药物或在饲料中拌入土霉素，以此可减少种蛋带菌。

（4）对雏禽要搞好药物预防。由于本病可以垂直传播，因此，刚出壳的雏禽就有可能感染，故需要在早期就应用药物进行预防。雏禽出壳后，可用普杀平、红霉素及其他药物进行饮水，连用5～7天，可有效地控制本病及其他细菌性疾病，提高雏禽的成活率。

（5）可用疫苗进行预防。

2.治疗 治疗本病的药物种类较多，如红霉素、泰乐菌素、北里霉素、强力霉素、土霉素等。由于本病常与其他细菌性疾病同时发生或继发发生，再加上耐药性败血霉形体菌株存在，因此，治疗时，最好选择新的、广谱抗菌药。个别治疗时，可用链霉素肌肉注射，成鸡每天1次，0.2克/次（100万单位注射5只），连用3～5天。5～6周龄的幼禽按50～100毫克/只。

禽大肠杆菌病

关键技术

诊断：珍禽感染大肠杆菌后缺乏特征性临床症状。表现出多种类型：大肠杆菌性肉芽肿、腹膜炎、输卵管炎、脐炎、滑膜炎、气囊炎、眼炎、卵黄性腹膜炎等。

防治：搞好环境卫生、加强饲养管理是预防本病的关键。此外，用当地发病禽群分离株来制备疫苗，预防当地的大肠杆菌病，效果最好。用抗生素可以治疗。

大肠杆菌病是由某些类型的致病性大肠杆菌引起的幼禽非接触性传染病，较大日龄的禽也时有发生。

（一）诊断要点

1.流行特点 本病无明显季节性，幼禽常于气候多变、阴雨潮湿季节多发，特别是30日龄左右禽感染率高，且常呈急性经过，成年禽呈慢性经过。本病常通过直接接触污染的垫草、饲料、饮水而感染，经消化道、呼吸道而传播。饲养管理卫生不良、天气变化等因素均可诱导本病发生。本病也可经过禽卵传播给幼雏而造成雏禽出壳后大批死亡。

2.症状和病变

（1）脐炎型：发生于感染的禽胚和雏禽，可导致禽胚在孵化中后期或出壳时死亡或出壳后1周内发生死亡，死亡一直持续3周左右。死亡禽胚的卵黄囊内容物呈黄绿色黏稠状、干酪样或黄棕色的水样物。未死出壳者，脐带呈蓝紫色，腹部膨大，脐孔闭合不全，周围皮肤呈褐色，有刺激性恶臭。剖检卵黄吸收不全，呈黄绿色或污褐色。存活4天以上的雏禽常发生心包炎和腹膜炎。孵出后7日龄内的雏禽感染率和死亡率高，尤其是2～3日龄内死亡率最高，可达10%～12%，甚至100%。

（2）急性败血症：是在严重应急情况下发生的急性全身性感染，可发生于任何年龄的禽。被感染的禽常突然死亡，营养状况良好，嗉囊内充满食物。剖检尸体有特殊臭味，无明显病变。病程较长者，表现为分泌物增多，呼吸困难，结膜发炎，禽冠青紫，排黄白色或黄绿色稀便。剖检肝脏肿大，呈绿色，有的肝表面有许多小的白色坏死灶，脾脏明显肿大，心肌充血。

（3）气囊炎：多发生于4～12周龄，其中4～9周龄为发病高峰。病禽咳嗽、呼吸困难，导致发生肺炎、心包炎、肝周炎、输卵管炎等。剖检可见气囊浑浊、增厚，呼吸面上有干酪样渗出物；肝表面及心外膜有白色纤维蛋白渗出物；有的输卵管内可见到淡黄色干酪样渗出物。死亡率为8%～10%。

（4）卵黄性腹膜炎和输卵管炎：主要发生在成年产蛋禽和青年禽，生前泄殖腔周围常沾有粪便，排出物中常混有蛋清、凝块的蛋白质和卵黄碎块。剖检可见腹腔中充有淡黄色液体和破碎或凝固的卵黄，恶臭，有的呈污黄绿色腐臭液体，脏器表面和肠系膜有淡黄色凝固的纤维素性渗出物，肠管发生粘连，卵泡变形，变成灰色、褐色或酱色，或卵泡萎缩。输卵管扩张变薄，内有黄色纤维素性渗出物或干酪样凝块，黏膜发红或有出血点。

（5）肉芽肿：多发生于产蛋后期的母禽，在肝、肠（十二指肠和盲肠）、肠系膜上出现隆起，灰白色肿瘤状小结节或块状，称为大肠杆菌肉芽肿。外观与结核结节和马立克氏病的肿瘤结节相似，有时在肺脏上也可见到肉芽肿。

（6）关节炎／滑膜炎：一般是幼雏、中雏大肠杆菌败血症的后遗症，取慢性经过，多散发，病禽逐渐消瘦，关节周围呈竹节状肥厚，跛行。如病变发生在脊椎胸腹腔段关节腔，则可引起脊椎炎，导致病禽进行性麻痹和瘫痪。剖检可见关节液混浊，有脓性干酪样渗出物。

（7）肠炎型：病禽腹泻，排出淡黄色粪便，小肠有卡他性或出血性炎症，偶见溃疡。腺胃黏膜充血。

心包炎、肝周炎及腹膜炎三炎变化，是大肠杆菌病很具普遍性的病变，具有诊断价值。禽心包积液，呈淡黄色，内混纤维素，心包膜变厚，灰白色呈雾状，表面覆有纤维素膜。肝脏肿大，表面覆有多少不等的灰黄色纤维素薄膜，肝内可能有坏死点。腹腔内积有淡黄色渗出物或干酪样物，肠壁粘连，卵巢及输卵管发炎并有渗出物。另外，还可见到滑膜炎、眼炎等变化。

3.鉴别诊断 本病与多种疾病有相似之处，极易混淆。急性败血症虽有心包炎和肝周炎的特征病变，但并非所有病例都能见到，而且禽霍乱、霉形体病和禽副伤寒有时也可见到这些变化。禽霍乱多见于2月龄以上尤其是成年禽，但鹅很少发生。禽副伤寒主要侵害1月龄以内幼禽，成禽多为隐性感染，发病率较少，而且病原的培养、生化特性等也不相同，据此可将两者区别开。霉形体病虽然也可引起气囊炎、心包炎等变化，但其呼吸症状较为突出，而且整个禽群病程较长，多发生于1～2月龄禽，用普通培养基分离不到细菌。此外，成禽的大肠杆菌卵黄性腹膜炎虽然与禽白痢引起的卵黄性腹膜炎极易混淆，但禽白痢只发生于禽，而且卵巢卵子变化明显。

（二）防治措施

1.预防 本病的预防主要靠加强饲养管理，采取严格的卫生消毒措施，禽舍、场地及用具定期消毒。高密度饲养禽舍应定时通风换气以减少感染机会。饲养人员应注意避免与致病性大肠杆菌接触，入孵前的种蛋和孵化器应彻底消毒。在饮水和饲料中可定期添加抗菌药物。

目前所用疫苗有大肠杆菌甲醛灭活苗和油乳剂灭活苗。但大肠杆菌血清型较复杂，所以选用当地流行型制备多价菌苗可取得较好效果。

2.治疗 很多抗生素对本病均有效。发生败血症时用氟苯尼考和阿莫西林较为有效；发生下痢，用新生霉素较为有效。大肠杆菌易产生耐药性变异，因此，应对分离株进行体外药敏试验，筛选高敏药物。

禽曲霉菌病

关键技术

诊断：本病的主要特征为病禽呼吸困难，喘气。后期颈扭曲，头后仰，下痢，排黄色粪便。剖检可见肺和气囊发炎并有坏死性结节。

防治：加强饲养管理，不采用发霉的垫草及发霉的饲料是预防本病的主要措施；目前尚无特效治疗方法，制霉菌素对该病有一定疗效。

曲霉菌病是由真菌引起的一种多种禽类均易感的传染病。

（一）诊断要点

1.流行特点 几乎所有禽类和动物都易感。主要传染源是被污染的饲料和垫草，一年四季均可发生，但多发生于潮湿阴雨季节。大小禽类均感染，但主要侵害1～20日龄幼禽，急性暴发，造成大批死亡。本病是通过食入发霉饲料和吸入霉菌孢子经消化道和呼吸道感染。

2.症状 该病潜伏期2～3天，表现精神不振，缩颈嗜眠，羽毛松乱下垂，喜欢拥挤在一起，接着就出现呼吸困难，喘气，张口呼吸，时有呼噜声。有时摇头，甩鼻，打喷嚏。少数病禽眼鼻流液，后期颈扭曲，头后仰，下痢，排黄色粪便。病程一般7天左右。若不及时采取措施，死亡率可达50%以上。有些雏禽可发生曲霉菌性眼炎，在结膜内，聚集大量的干酪样渗出物，致使眼睑鼓起，用力挤压可挤出大量黄色干酪样物。有些禽还可在角膜中央形成溃疡。

3.病变 肺和气囊发生坏死性结节为该病特征性症状。肺及气囊壁出现大量针尖大至米粒大黄白色结节，肺呈局灶性肺炎。肝肿大，表面有灰白色结节。胸气囊和腹气囊明显增厚、混浊。腹腔及腹腔内器官附着大量黄白色炎性渗出物，以致各器官粘连。

4.鉴别诊断 本病应与禽支原体病、雏禽白痢相区别。可参见有关内容。

（二）防治措施

预防本病的发生，主要是不饲喂霉烂变质的饲料，不用霉烂垫料，并搞好笼舍内卫生，保持舍内空气畅通，做好防潮保温工作。一旦发生本病，可采取下列措施防治：

（1）彻底清除烧毁霉变垫料，换上新鲜干燥垫料。停喂发霉饲料，并用2%氢氧化钠对禽舍消毒。

（2）制霉菌素和硫酸铜同时应用效果良好，制霉菌素每千克饲料加50万单位，连喂3天，饮水中加入0.02%硫酸铜任其自由饮用，连续5天可控制该病。

禽球虫病

关键技术

诊断：本病的主要特征为初期下痢，排带血或褐色稀便，肛门周围羽毛被污染。剖检可见肠管肿大，肠壁发炎增厚，肠内容物有血块。

防治：加强饲养管理，搞好环境卫生是预防本病的关键，治疗宜用抗球虫药物。

珍禽球虫病是一种常见寄生虫病。雉鸡、珍珠鸡、鹧鸪、鹌鹑均易发生，3月龄以内雏禽最易感，表现为拉带血稀便，贫血，消瘦，产蛋量下降，可造成大批死亡。

（一）诊断要点

1.流行特点　本病主要通过食入感染性卵囊传播，凡被病禽及带虫禽粪便污染的饲料、饮水、运动场、笼舍、用具等均可机械地传播本病。本病在春夏两季，尤其育雏旺季最易发生。幼禽在平地饲养，舍内潮湿拥挤更易发生本病。

2.症状　本病初期下痢，排带血或褐色稀便，肛门周围羽毛被污染。病禽精神沉郁，羽毛松乱，食欲减退，渴欲增加，怕冷拥挤在一起。感染5～7天后大批死亡，死前排大量黏液性血便，死亡率30%～50%。3～4月龄青年禽多呈慢性经过，病程数周至数月，病禽消瘦，间歇性下痢，产蛋量下降，死亡率较低。

3.病变　病变集中在消化道，盲肠球虫主要导致两侧盲肠显著肿大，比正常大几倍，肠内充满凝固血液，肠壁增厚发生炎症。患小肠球虫病变多发生在小肠前段，肠管肿大，肠壁发炎增厚，浆膜呈红色并有白点病灶，肠内容物有血块。

（二）防治措施

1.防治　本病以预防为主，加强饲养管理，搞好环境卫生。定期对禽舍、笼网消毒。在育雏期有条件的最好采用笼养，防止食入土壤中的卵囊。平地饲养，一定要保持垫草干燥卫生，注意保持禽舍内湿度和温度及禽的饲养密度。饲料中定期加入适量治疗球虫药物。

2.治疗 球虫易产生抗药性，因此，应经常更换治疗药物。常用治疗药物有以下几种。

（1）球痢灵：预防量为0.012 5%拌料，治疗量加倍。

（2）也可用0.5%磺胺二甲嘧啶或盐霉素等。

禽盲肠肝炎

关键技术

诊断： 本病的重要特征为下痢，粪便呈淡黄色或绿色，严重病例排血便。剖检可见盲肠呈出血性肠炎，肝脏表面或深部有坏死灶，坏死灶中心呈黄绿色、边缘稍隆起，围绕成同心圆，是本病特殊症状。

防治： 加强饲养管理，搞好环境卫生是预防本病的关键，治疗宜用二甲硝哒唑。

珍禽盲肠肝炎又称“组织滴虫病”或“黑头病”，鹌鹑、鹧鸪、珍珠鸡、雉鸡均可感染本病，该病主要侵害肝脏和盲肠。该病病原为组织滴虫。

（一）诊断要点

1.流行特点 该病原主要是通过寄生在禽粪中盲肠的异刺线虫的虫卵进行传播的。异刺线虫为禽的一种普遍寄生虫，组织滴虫被异刺线虫吞食，然后再转入异刺线虫的虫卵中，虫卵随禽粪排出体外而长期存在于环境中，健康禽食入这种虫卵即可感染本病。本病主要通过消化道传播，无明显季节性，但以春夏两季多发。

2.症状 本病潜伏期7～12天，病禽精神不振，食欲减退，羽毛不整，闭眼，呈睡眠状。排水样便，呈淡黄色或淡绿色，病情严重排血便。后期，病禽因血流障碍，头部发绀，人们称之为黑头病。泄殖腔温度达42℃。

3.病变 病变主要发生在肝脏和盲肠。急性病例，盲肠呈出血性肠炎。亚急性及慢性病例，盲肠先出现病变，肠壁变厚充血，充满干酪样凝固栓子，切开盲肠可见同心圆面，中心呈黑红色凝固血块，外层为浅黄色坏死物。感染后第10天可见肝脏病变，最初为黄色或黄绿色，体积增大，表面或深部有坏死灶，坏死灶中心呈黄绿色，边缘稍隆起，围绕成同心圆，是本病的特殊症状。

4.鉴别诊断 本病应注意与球虫病相区别。球虫病不出现肝脏病灶。

（二）防治措施

1.预防 加强饲养管理，定期环境消毒，禽舍保持干燥，利于防止本病的发生。该病主要通过异刺线虫虫卵进行传播，所以要定期驱虫。消灭禽体内异刺线虫是预防本病的重要措施，可用50毫克/千克体重丙硫咪唑拌料饲喂，驱除异刺线虫。

2.治疗 发生本病可用硝哒唑治疗，0.05%的比例混于饲料中，首量加倍，连用5～7天。

禽痛风病

关键技术

诊断： 厌食、关节肿大、拉石灰样粪便为本病特征，剖检可见尿酸盐沉积在内脏、关节囊、关节软骨、肾小管、输尿管及其他间质组织中。

防治： 加强饲养管理、合理搭配饲料是防止本病的关键措施。本病无特效药治疗，使用肾肿解毒药可明显缓解症状。

痛风病又称“肾功能衰竭症”、“尿酸盐沉积症”或“尿石症”，是雉鸡、珍珠鸡及家禽的一种常见慢性非传染性疾病。

（一）诊断要点

1.病因

（1）日粮中蛋白质含量过高：日粮中蛋白质饲料在30%以上，由于许多禽类肝中不含精氨酸合成酶，使蛋白质最终代谢产物为尿酸而不是尿素，尿酸水平过高，损害肾功能，发生尿酸盐阻滞，使实质器官及关节表面尿酸盐沉积。

（2）维生素A缺乏：维生素A缺乏可使骨骼磷酸激酶含量升高，同时缺乏维生素A可造成肾小球滤过率降低，尿酸和磷排泄受阻，使尿酸盐沉积内脏器官表面及肾脏。

（3）高钙日粮或高钙低磷日粮也常导致痛风发生。此外，碳酸氢钠中毒、维生素D缺乏、食入过量磺胺类药物和其他有毒物质（如发霉玉米）等，也可造成肾功能障碍，造成尿酸盐沉积。群体饲养密度过大，禽舍潮湿阴冷等均可诱发本病发生。尿酸盐沉积于内脏引起内脏型痛风；沉着于关节引起跛行，称之为关节型痛风，但多为混合型发生。痛风严重影响雉鸡、珍珠鸡生长发育和产蛋率，造成较大的经济损失。

2.症状 病禽精神不振，羽毛松乱、无光泽，不愿站立，食欲下降，禽体消瘦，贫血。排白色稀便，混有大量沙砾样尿酸盐。肛门、腹下被粪便污染。此类病禽2～4天，长者1周死亡。有些病禽表现关节肿大，运动缓慢，跛行疼痛，站立不稳，趾部和足部肿胀变形。公禽发生较多。

3.病变 死亡禽心包膜、心外膜、胸腹腔浆膜、肝、脾、肾等实质性器官表面（肾脏最严重），覆盖一层厚的白色石灰样沉积物，触摸有沙砾样感觉。肾脏肿大3～5倍，呈灰白色，表面为黄白相间花纹且有大量沉淀物，输尿管增粗，内积满白色结石；跗关节囊有不同程度的石灰样白色沉淀物。

（二）防治措施

1.防治 合理搭配饲料，日粮中蛋白含量不可过高；钙磷比例要适宜，并保证维生素的供给，减少发生痛风的诱因；保持禽舍干燥，定期消毒，不喂发霉饲料，不可滥用药物。刚出壳的雏禽及时供饮水，利于排出尿酸盐。

2.治疗 发现本病，应及时查明病因，并对症治疗。日粮中添加5%～10%新鲜胡萝卜浆，停用黄豆粉、骨肉粉，多次少量给清洁饮水。若是高钙引起痛风，立即减去多加的骨粉、石粉、磷酸氢钙，增加青绿饲料。同时对禽群应用肾肿解毒药，可明显缓解症状。

禽啄癖

关键技术

诊断：本病的主要特征为禽类之间相互啄食对方身体而造成伤害。

防治：预防本病切实可行的措施是正确断喙。

啄癖是各种年龄、品种禽的一种异常嗜好，表现为禽类之间相互啄食对方身体而造成损害。禽类中雉鸡和珍珠鸡啄癖较常见，类型有啄羽癖、啄肛癖，此外还有啄趾癖、啄鳞癖等，是现代养禽业中的常见现象。

（一）诊断要点

1.病因 啄癖病因较复杂，目前人们认为饲养管理不当和饲料营养缺乏、饲料配合不当是造成啄癖的主要原因。

（1）饲养管理不当：饲养密度过大，槽位、饮水器不足。雏禽过密饲养，垫料少，缺乏运动场地，没有可啄的东西。雏禽饲养过程中光刺激过强可诱导啄癖。育雏室闷热，温度高，空气污浊更容易引起啄癖。

（2）饲料引起：饲料中营养物质缺乏，尤其能量和蛋白质的缺乏。由于雏禽满足不了营养物质的需要，可能通过采食其他东西来满足需要，就可能发生啄羽、啄趾。同样，饲料中某些微量元素含量较低（例如硫、铜等），单一日粮，导致矿物质元素缺乏也会引起啄癖。

（3）疾病引起：代谢疾病和肠道疾病引起禽营养吸收差，满足不了营养需要，可发生啄羽。外伤造成出血，尤其是肛门出血，会引来其他禽追啄，严重者肠子脱出。体外寄生虫病（如虱子）刺激皮肤，禽啄食羽毛。

2.症状

（1）啄肛：是最常见的啄癖之一。雏禽不断啄食病雏肛门，造成肛门损伤和出血，严重时可因肠管被啄食而死亡。其他雏禽因此而形成恶习，经常啄肛。

产蛋禽多因禽舍光线太强，禽群密度过大，产蛋箱不足，产蛋过早，蛋个大，营养过剩，腹部脂肪蓄积。产蛋后泄殖腔回缩迟缓，泄殖腔外翻，被其他母禽看到后，就会纷纷去啄食，致使禽群在每日上午10点到下午4点之间常出现啄肛，并造成禽只死亡（多数发生在每日产蛋高峰期）。

（2）啄羽：常表现为自食羽毛，互相啄食羽毛，有的禽被啄去尾羽、背羽，几乎成为“秃鸡”或被啄得鲜血淋漓。

（3）啄蛋：主要发生在产蛋禽群，当饲料中钙或蛋白质缺乏，捡蛋不及时时易发生啄蛋，时间久会形成恶癖。在禽笼下常有破碎的蛋壳和流出的蛋清、蛋黄。

（4）啄趾：多见于雏禽，因喂养不当（饥饿、料槽太少、温度低、禽常挤堆吃不上）或饲料缺乏，致使禽在笼中寻找食物而引起，造成自己啄自己或啄其他雏禽的趾，引起出血或跛行。

（5）啄头：多因打斗或冠、肉髯被禽笼刮破而诱发本病。禽有见红色就啄的习性，在禽冠或肉髯刮破流血时就会纷纷来啄。

（二）防治措施

预防本病的切实可行措施是正确断喙，10～14日龄第一次断喙，30～40日龄第二次断喙。上唇断去1／2，下唇断去1／3，使其从小就不出现啄癖现象。

一旦发生啄癖要认真检查发生原因，尽力排除，尽可能把受伤禽隔离，伤处涂紫药水。啄肛严重时，把产蛋禽肛门涂上紫药水。对已形成啄癖的禽要重新断喙。

改善饲料管理条件：饲喂优质配合饲料，保证某些必需氨基酸、矿物质和维生素的含量。食羽癖与饲料中硫化钙含量不足有很大关系。因此，在发生食羽癖的群体饲料中添加2%生石膏粉可使啄羽癖慢慢消失。保证有足够的食槽、水槽、产蛋箱，产蛋箱不宜放在过强光亮处。禽舍光线不宜过强，育雏室以40瓦照明灯为好，有资料介绍红色低强度光可防止雏禽发生啄羽癖。育雏阶段，禽舍经常通风换气，并有足够的运动场、栖息架，大小雉鸡、珍珠鸡应分群饲养。

药物防治该病：对有互相啄的禽隔离饲养；对有体外寄生虫的珍禽用10%克辽林药浴治疗。群中一旦发现有伤残者，立即隔离饲养，伤口用20%硫磺软膏涂抹，待痊愈后再放回群中。

禽维生素B_1缺乏症

关键技术

诊断：本病的主要特征为多发性神经炎，消化不良。

防治：为禽提供全价日粮是预防本病的主要措施，治疗宜补充维生素B_1。

维生素B_1又称“硫胺素”，它是体内糖代谢的重要辅酶，神经组织靠糖类氧化供给热能，维生素B_1缺乏时会导致糖代谢障碍，能量供应不足，使神经机能受到影响，呈多发性神经炎，引起死亡。多发于雏禽，雉鸡、珍珠鸡、鹧鸪、鹌鹑均可发生此病。

（一）诊断要点

1.病因 维生素B_1在青绿饲料、麸皮、酵母中含量丰富，而且肠道微生物可以合成一部分，故一般不会发生缺乏症。但在笼养条件下，日粮中维生素B_1遭到破坏，不能满足禽的需要时，就会发生缺乏症，如饲料被碱化或蒸煮；饲料中含有某些蕨类植物（含维生素B_1的天然拮抗物——抗硫胺素）；饲料中加有球虫抑制剂——氨丙啉。此外，禽患有慢性腹泻，由于吸收障碍，可发生本病，或患有其他消耗性疾病，可诱发本病。

2.症状 幼禽缺乏维生素B_1时，2周内即可出现多发性神经炎。突然发病，两肢麻痹，卧地不起；有的病雏以飞节着地。典型特征是病雏将身体坐在自己屈曲的腿上，头向后仰呈"观星状"。此外，还有厌食、消瘦、下痢、消化障碍等症状。

成禽发病缓慢，一般在维生素B_1缺乏3周后发病，鸡冠呈蓝色，出现多发性神经炎或外周性神经炎，表现为：先是脚趾的屈肌麻痹，不能站立和行走，随后蔓延到腿、翅膀、颈部的伸肌出现麻痹。有些病禽出现贫血和拉稀。

3.病变 雏禽皮下水肿，生殖器官，尤其睾丸、卵巢萎缩，肾上腺肥大（母鸡较明显），其他部位无明显变化，坐骨神经未肥大。

（二）防治措施

饲喂全价饲料，保证满足禽的各种维生素需要，可避免发病。发现该病立即用维生素B_1进行治疗，可肌肉或皮下注射维生素B_1，每次5毫克，每日1～2次；或给病禽口服维生素B_1片剂，一般数小时可出现好转。值得注意的是，由于本病引起极度厌食，所以在饲料中添加维生素B_1的治疗方法是不可靠的，常达不到治疗目的。

禽维生素B_2缺乏症

关键技术

诊断：本病的特征是趾爪向内卷曲，不能走路，驱赶时以飞节着地勉强行走，常以双翅保持身体平衡。

防治：为禽提供全价日粮是预防本病的主要措施，治疗宜补充维生素B_2。

维生素B_2又称“核黄素”，是辅酶的辅基成分，在生物氧化的呼吸链中起传递氢离子的作用，还能帮助维生素B_1参与糖代谢和脂肪代谢。维生素B_2缺乏时能影响机体的氧化作用，导致物质代谢发生障碍的营养代谢病。该病主要发生于雏禽，成禽较少发生。

（一）诊断要点

1.病因 常见的病因有：

（1）长期用含维生素B_2不足的禾谷类v饲料喂禽类，而不注意添加维生素B_2或青绿饲料。

（2）维生素B_2易被紫外线、碱及重金属盐破坏。

（3）饲喂高脂肪、低蛋白日粮时维生素B_2的需要量增大。

（4）患有胃肠道疾病时维生素B_2在小肠的吸收和转化发生障碍。

2.症状 病雏精神沉郁，食欲不振，羽毛蓬乱、无光泽，翅下垂，下痢，排灰褐色稀便，有的流白色黏液性鼻汁。不能站立，蹲卧或侧卧交替进行，特征症状是趾爪向内卷曲，不能走路，驱赶时以飞节着地勉强行走，常以双翅保持身体平衡。腿部肌肉萎缩。皮肤干燥、粗糙。因行走困难而吃不到饲料，最后衰竭而亡。

成年禽患本病后症状不明显，产蛋量下降，蛋白稀薄，蛋的孵化率降低，死胚增多。孵出的雏禽多带有先天性麻痹症状，体小而浮肿。

3.病变 病雏消瘦，心冠脂肪消失。胃肠黏膜萎缩，肠壁变薄，肠道内有泡沫样内容物。病死成年禽的坐骨神经和臂神经显著肿大变软，尤其坐骨神经的变化更为显著，直径比正常时大4～5倍。

4.鉴别诊断 诊断该病时应与遗传引起的歪趾病和马立克氏病相区别。

（1）歪趾病：趾部向内弯曲，但仍以足的趾面着地行走；而维生素B_2缺乏症，趾向内下方弯曲，趾背着地，并伴有肢腿麻痹症状。

（2）马立克氏病：一般发生于2月龄之后；而维生素B_2缺乏最早发生于2周之内或2月龄之前。

（二）防治措施

1.预防 本病应以预防为主。对已发生缺乏症的病禽，即使用维生素B_2治疗也无明显效果，出现的病变难以恢复。所以，对雏禽一开食就应饲喂全价饲料，或在每吨饲料中添加2～3克维生素B_2，可预防本病的发生。但应注意维生素B_2遇光、碱性物质等易失效，饲料不可贮存时间过长。

2.治疗 可在每千克饲料中加入维生素B_2 20毫克，连喂1～2周，可治愈病变较轻的禽并可防止禽群中继续出现该病，成年母禽用药1周后产蛋率回升，孵化率接近正常。

禽硒维生素E缺乏症

关键技术

诊断：本病的特征性病变为肌肉营养不良和变性，渗出性素质及脑软化，火鸡肌胃变性。

防治：为禽提供全价日粮是预防本病的主要措施，治疗宜补充硒和维生素E。

硒维生素E缺乏症是由于禽体内缺乏硒维生素E而引起的一种营养代谢病。硒能加速体内氧化物分解，硒缺乏时可导致幼禽肌肉变性和出血性素质；维生素E能降低氧化物的产生，维生素E缺乏可造成雏禽发生脑软化。维生素E缺乏可使硒化合物易被氧化，硒缺乏使维生素E的吸收受到影响，二者在机体内物质代谢起协同作用。一旦硒维生素E失去平衡，即可造成该病发生。各种禽类均可发生，雉鸡、鹌鹑均有报道。以2～4周龄多发。

（一）诊断要点

1.病因

（1）地方性缺硒：地区性土壤中缺硒，其上生长的作物子实也缺硒，最终导致饲料缺硒。

（2）饲料中添加硒量不足。

（3）维生素E缺乏也可造成硒缺乏症。

（4）其他因素的影响，如硫对硒的拮抗作用。

2.症状 初期无明显症状，突然死亡。病雏精神不振，缩颈闭眼，呆立一角。幼禽运动共济失调，头向后或向下弯曲，两腿痉挛，甚至麻痹。病雏皮下组织水肿，腹部更为明显，皮下蓄积绿豆色液体，膜下外观呈蓝绿色，眼角膜软化。

3.病变 死亡禽小脑软化，肿胀，脑软膜水肿。肌肉发白、胸肌、腿部肌肉出现灰白色条纹，并有白斑或出血带、出血点。剖开水肿部位，水肿液淡绿色。心冠脂肪有针尖大出血点。心肌营养不良，小肠黏膜有散在出血斑。

（二）防治措施

1.预防 一般在雏禽每千克日粮中添加0.1～0.2毫克亚硒酸钠和20毫克维生素E，即可预防本病的发生。

2.治疗 发现病禽，马上挑出，确诊后进行治疗。每只雏禽肌肉注射维生素E 2.5毫克和0.1%亚硒酸钠生理盐水0.1毫升，连用3天即可治愈。

六、特种水产动物疾病

罗氏沼虾黑鳃病

关键技术

诊断：病虾的鳃部颜色由红棕色变成黑色，呼吸困难，导致死亡。

防治：预防本病应采取综合措施，治疗宜抗菌消炎，消毒池水。

黑鳃病是由真菌感染（如镰刀菌）引起的一种较广泛的疾病。

（一）诊断要点

1.病因 引起黑鳃病的原因很多，大致有如下几种情况：①池塘底质严重污染，池水中有机碎屑较多，碎屑随水流吸入鳃丝上，使鳃变黑，严重影响虾的呼吸；②虾的鳃部由真菌感染，例如镰刀菌感染鳃部，使鳃变黑（因烂鳃而呈黑色）；③池底金属离子含量过高，发生中毒，使鳃部变黑；④长期缺乏维生素C。

2.症状 病虾的鳃部颜色由红棕色变成黑色，严重时鳃组织糜烂，并附有大量污物。虾呼吸困难，导致死亡。

（二）防治措施

疾病早期，加大换水量，并投喂鲜活饵料，连续1周可改善病况。对不同病因造成的鳃病应区别对待，分别进行处理。

（1）真菌性黑鳃病。目前尚无理想治疗方法，在疾病早期可用下述方法处理：①用0.5～0.8毫克／升孔雀石绿或8～10毫克／升亚甲基蓝浸洗15～30分钟；②用2毫克／升洁藻灵全池泼洒，2～3天后再用1～2毫克／升遍洒1次。病愈后每隔10～15天用1毫克／升洁藻灵遍洒1次，可防止再发。

（2）重金属中毒黑鳃病。采用大换水并在池水中加入适量柠檬酸、EDT A。

（3）缺乏维生素C黑鳃病。在饵料中添加充足的维生素C。

罗氏沼虾甲壳溃疡病

关键技术

诊断：本病主要表现甲壳表面溃疡。

防治：防止外伤，保证水质是预防本病的关键，治疗宜抗菌消炎。

本病又称“褐斑病”、“黑斑病”，是对越冬亲虾危害很大的一种疾病。此外，本病危害成虾也较严重，多发生于腐殖质较多的池塘。

（一）诊断要点

1.病因 尚未完全查明，主要是由于甲壳受伤后继发细菌感染，从病体上分离到的病原菌主要是弧菌。

2.症状 病虾体表甲壳或附肢上有从褐色到黑色的斑点状溃疡，大小不一。病情轻者，斑点较少，仅在甲壳的表面；严重者可出现在全身各处，包括附肢和鳃，其溃疡也可到甲壳下较深层的组织。虾的活动能力大为下降，或卧于池边浅水处，最终引起死亡。

（二）防治措施

（1）在日常饲养管理中要避免虾体受伤。

（2）保持养虾池良好水质，必要时可用20毫克／升生石灰遍洒全池。

（3）越冬亲虾发病后，用20～25毫克／升福尔马林浸洗1小时，同时每千克饵料中加土霉素0.5～1克，制成药饵投喂，连续喂2周。

（4）用2～3毫克／升土霉素全池泼洒，每天1次，连续5天，同时投喂土霉素饵料。

罗氏沼虾丝状细菌病

关键技术

诊断：病虾的附肢、体表、鳃部、口器等部位均可着生丝状细菌，数量多时，影响虾体活动和摄食，严重时引起死亡。

防治：保持良好水质是预防本病的关键，治疗宜杀菌消毒。

丝状细菌病又称“丝状藻类附着病”，又因藻类中危害较大的主要是蓝藻和绿藻，故此病也称“蓝绿藻病”。

（一）诊断要点

1.病因　当池水透明度高、池水清澈见底或水质不良，池底残饵多，污染严重，加上虾类生长缓慢时，池中的丝状藻类就会大量繁殖，附着在幼体、成体及亲虾的体表，从而导致本病的发生。

2.症状　病虾的附肢、体表、鳃部、口器等部位均可着生丝状细菌，影响虾的摄食和运动，从而使虾生长缓慢、不能蜕皮，严重时可导致虾死亡。

（二）防治措施

（1）此病可通过严格的水质管理，如保持水质清洁，经常灌注新水，不要投喂过量饲料等方法来控制。

（2）发病后及时增加换水量，投喂鲜活饵料，促使虾蜕皮后即可痊愈。

（3）发病严重的幼虾及成虾池，须全池泼洒1毫克／升硫酸铜杀死藻类，泼药后数小时应大量换水，防止铜离子对虾体的毒害及杀死藻类引起的池水缺氧。

（4）对已放养亲虾的虾池，如藻类大量繁殖，应尽快打捞，最好不用药物杀灭。

罗氏沼虾自发性肌肉坏死病

关键技术

诊断：病虾肌肉变为不透明的乳白色并逐渐坏死；也有的甲壳变软，生长缓慢，死亡率高。

防治：为虾提供适宜的环境及养殖条件是预防本病的关键，此病目前无药物防治。

该病又称“肌肉白浊病”，主要与饲养条件有关。

（一）诊断要点

1.病因 本病由水温过高、溶解氧低和放养密度过大、水质受化学物质的污染所引起。

2.症状 罗氏沼虾的子虾和成虾均可发病。病虾肌肉变为不透明的乳白色并逐渐坏死；也有的甲壳变软，生长缓慢，在阳光照射下，病虾易死亡。

（二）防治措施

此病目前无治疗药物，应主要做好预防工作：严格掌握放苗时间，放苗前要连续测试水温3～4天，每天早晚测试2次，当水温稳定在18℃左右时，方可放苗。在成虾养殖期间，要保持水质清新，防止缺氧，养殖密度要合理。

罗氏沼虾固着性纤毛虫病

关键技术

诊断：病虾体表、附肢或鳃上常附着污浊物质，肉眼仔细观察呈棉絮状。

防治：搞好池水环境卫生是预防本病的关键，治疗宜杀菌消毒。

（一）诊断要点

1.流行特点 全国各地都有发生，危害养殖的各种虾、鳖的卵、幼体和成体，尤其对幼体的危害最大。水中溶氧较低时可引起大批死亡。

2.症状 病虾体表、附肢或鳃上常附着污浊物质，肉眼仔细观察呈棉絮状，虾体行动迟缓，食欲减退，呼吸困难，严重时引起死亡。

（二）防治措施

（1）保持水质清洁，定期加、换水。

（2）用硫酸铜泼洒治疗，使池水浓度成0.7毫克/升。

（3）育苗池暂时升温2～3℃，投喂优质饲料，促使蜕皮后大量换水，或降低水位，全池遍洒制霉菌素，使池水浓度成35毫克/升，药浴2.5～3小时后进行大量换水。

（4）养成池及亲虾全池遍洒福尔马林，使池水浓度成25毫克/升，24小时后进行大换水。或全池遍洒高锰酸钾，使池水浓度成3～7毫克/升，4～5小时后进行大量换水。

罗氏沼虾烂尾病

关键技术

诊断： 病虾尾扇边缘溃烂、残缺及断须、断足。

防治： 为虾提供适宜的环境条件是预防本病的关键，治疗宜药浴消毒。

（一）诊断要点

1.病因 虾体低温冻伤或池底环境恶化，硫化物浓度太高，均可导致虾尾逐渐腐烂。

2.症状 虾体尾扇边缘溃烂、坏死、残缺不全，严重时整个尾扇被噬掉。还表现断须、断足，时间一长，虾体自行死亡。

（二）防治措施

注意排污换水，不使沼虾在低温条件下生活过久，以免受到冻伤。

发病后，用8～10毫克／升生石灰全池泼洒；或用茶子饼浸泡6小时，按15～20毫克／升浓度全池遍洒。

黄鳝肤霉病

关键技术

诊断：患病黄鳝的体表长出棉絮状白毛，食欲减退，消瘦而死。

防治：防止黄鳝体表受伤及保持优良水质是预防本病的关键，治疗宜杀菌消毒。

（一）诊断要点

1.病因 此病由外伤引起，伤口被霉菌感染所致。

2.症状 初期症状不明显，数天后受伤处长出絮状白毛，肌肉腐烂，离穴独游，食欲不振，最终消瘦而死，养殖期间均可发生此病，以水温为13～18℃最易发病。

（二）防治措施

（1）操作轻快平稳，尽量避免鳝体受伤，以避免病菌感染而致病。

（2）勤换水，增加水中溶氧量，抑制水霉菌生长。

（3）每平方米鳝池放2～3只蟾蜍（癞蛤蟆），分泌蟾酥物质，具有预防本病的作用。

（4）发病初期用0.04%食盐和0.04%小苏打合剂全池遍洒。

（5）患轻度水霉病，可用5%碘酊涂抹患处，也可用3%～5%食盐水浸浴病鳝3～5分钟。

黄鳝打印病

关键技术

诊断：病鳝体表背部两侧发炎、充血，呈现圆形或卵圆形的红斑，继而表皮腐烂。

防治：保持良好的水质，合理放养是预防本病的关键，治疗宜抗菌消炎，消毒鳝体和池水。

打印病又称"腐皮病"或"梅花斑病"，是黄鳝最常见的疾病之一。

（一）诊断要点

1.流行特点 当水质恶化、黄鳝抗病力下降时，易侵入鳝体感染致病。疾病流行于5～9月，以春末夏季发病率较高。该病传染性强，蔓延极快，发病率一般为30%左右，死亡率可达20%，对人工饲养黄鳝威胁很大。

2.症状 病鳝体表有大小不一的红斑，点状充血，腹两侧尤为明显；患后游动无力，头经常伸出水面。严重时，表面点状溃烂，并向肌肉延伸，形成不规则小孔，殃及内脏器官而导致死亡。

（二）防治措施

（1）黄鳝放养前池水用生石灰消毒，浓度为20～25毫克／升，一星期后放黄鳝。鳝苗放养前用3%的食盐溶液或10毫克／升浓度的漂白粉溶液浸洗3～10分钟，进行预防。

（2）放养鳝苗时，在池中同时放养数只蟾蜍可预防此病发生。若发生此病，可用剥开头皮的蟾蜍在池中往返拖洗几次，有较好疗效。

（3）发病时用漂白粉泼洒，使池水成1～2毫克／升浓度，连续泼洒3天。或用每克含25万单位的红霉素全池遍洒，使池水成1毫克／升浓度；同时口服磺胺噻唑，每100千克黄鳝用药10克拌饵投喂，每天1次，连续3～6天。

黄鳝毛细线虫病

关键技术

诊断：诊断本病的关键是病鳝经常将头部伸出水面，腹部向上，消瘦。剖检在肠道可见到乳白色的线状的毛细线虫。

防治：预防本病的关键是平时用生石灰清塘，发病后用敌百虫或中草药治疗。

黄鳝毛细线虫病是由毛细线虫引起的黄鳝的一种寄生虫病。虫体呈乳白

色，细长如线状，头端尖细，往后逐渐变粗，尾部钝圆。虫体长2～11毫米。

（一）诊断要点

1.流行特点 毛细线虫寄生于黄鳝的肠道，虫卵随黄鳝的粪便排入水中，在水温28～32℃条件下，经一周左右发育成幼虫。虫卵常粘附在水草上或沉入水底，被黄鳝吞食后，寄生在黄鳝肠道内发育为成虫。

2.症状及病变 病鳝经常将头部伸出水面，腹部向上或作挣扎状滚动，如大量寄生会造成消瘦而死亡。剖检在肠道见到乳白色的线状的毛细线虫。肠道发炎充血。

（二）防治措施

1.预防 保持水塘清洁卫生，经常用生石灰清塘，以杀死虫卵。

2.治疗 发现病鳝后用敌百虫或中草药治疗的同时，用生石灰清塘，杀灭虫卵。

（1）敌百虫：可投喂敌百虫药饵，每千克黄鳝可用90%晶体敌百虫0.2～0.3克拌在黄鳝饵料中投喂，每天1次，连续喂6天。

（2）中草药：投喂中草药药物饵料，每千克黄鳝用贯众3.2克、荆介1.0克、苏梗0.6克、苦楝树根皮1.0克共5.8克煎汁，拌饲料投喂，连喂6天。

（3）若鳝池内兼有患棘衣虫病的黄鳝，可采用治疗棘衣虫病的方法，两种寄生虫均可被杀死。

在采取上述各种治疗方法的过程中，为使病鳝早日康复，可于第三天起加喂治疗肠炎病的药物，效果将更显著。

黄鳝棘衣虫病

关键技术

诊断： 诊断本病的关键是病鳝食欲减退甚至废绝，体色变青发黑，常伏在洞口，有的腹部膨胀，肛门红肿，有的身体扭曲旋转，颤抖不安。剖检可见到肠道内有白色条状能伸缩的蠕虫。

防治： 防治本病的关键是用生石灰清塘，用敌百虫或阿苯达唑治疗黄鳝。

黄鳝棘衣虫病是由隐藏棘衣虫（隐藏棘头虫）寄生于黄鳝肠道所引起的一种常见寄生虫病。虫体呈乳白色，有时呈淡黄色，长圆筒形。

（一）诊断要点

1.流行特点　棘衣虫的中间宿主是剑水蚤，棘衣虫的虫卵随黄鳝粪便排出体外后，在剑水蚤体内发育成感染期的棘衣虫，黄鳝吞食了此剑水蚤而感染，在肠道寄生下来。如误被其他鱼类吞食，幼虫不能在肠道寄生，而是穿过肠壁，在寄生的腹腔中形成包囊，保存下来。

本病是黄鳝的一种常见寄生虫病，有黄鳝的地方就有棘衣虫存在。没有明显的流行季节，一年四季都可以在黄鳝肠道中找到此虫体。

2.症状及病变　大量虫体寄生时（有时达数百条），病鳝活动迟缓，身体瘦弱，食欲减退甚至废绝，体色变青发黑，常伏在洞口，有的腹部膨胀，肛门红肿，有的身体扭曲旋转，颤抖不安。剖检可见到肠道内有白色条状能伸缩的蠕虫，其吻部牢固地钻在肠黏膜内，吸取黄鳝营养，引起肠道充血发炎，阻塞肠管，使部分组织增生或硬化，严重时可造成肠穿孔，引起黄鳝死亡。

（二）防治措施

（1）用生石灰彻底清塘，以杀灭中间宿主——剑水蚤。

（2）每100千克黄鳝用15～20克晶体敌百虫拌饵投喂，每天1次，连喂6天，同时用晶体敌百虫全池遍洒，使池水的浓度为0.3～0.5毫克／升。

（3）用阿苯达唑拌饲投喂，剂量为：每天每千克黄鳝用药0.004克。为增加药饲的适口性，将螺蚌肉、蚯蚓作诱饵，把药研碎溶于水中，用适量黏合剂（面粉）混合后做成药饵。每天分2次投喂，连喂3天。

黄鳝锥体虫病

关键技术

诊断：诊断本病的关键是病鳝出现虚弱、消瘦、生长不良和贫血现象。

防治：防治本病的关键是加强清洁卫生，杀灭水塘和黄鳝体上的水蛭。

黄鳝锥体虫病是由鳝锥体虫寄生于黄鳝血液中所引起的一种血液寄生虫病，在显微镜下能见到锥体虫，很活泼，颤动很快，但迁移性不明显。

（一）诊断要点

1.流行特点　黄鳝锥体虫是黄鳝血液中的常见寄生虫，本病的传播媒介是水蛭，流行期在6～8月份。

2.症状　黄鳝感染少量虫体时，对鱼体影响不大。严重感染时鱼体呈贫血状态，鱼体消瘦，虚弱，生长发育不良。

（二）防治措施

（1）生石灰清塘，消除锥体虫的中间宿主——水蛭。

（2）用2%～3%的食盐水或用0.7毫克/升浓度的硫酸铜、硫酸亚铁合剂浸洗病鳝10分钟，可驱除水蛭。用敌百虫、倍硫磷等可杀灭水蛭。

黄鳝发烧病

关键技术

诊断：诊断本病的关键是病鳝极度烦躁不安，相互缠绕，严重时造成大批死亡。

防治：保持水质清新，防止黄鳝相互缠绕是预防本病的关键。

黄鳝发烧病是由于黄鳝高密度养殖而造成的一种疾病。

（一）诊断要点

1.流行特点　由于人工放养密度过大又不及时换水致使黄鳝分泌的黏液在水中积累而发酵，释放大量热量，使水温骤升，水中溶解氧降低。

2.症状　黄鳝焦躁不安，互相纠缠，往往会造成大量死亡。长途运输过程中也易发生此病。

（二）防治措施

（1）放养密度要适当，夏季及时换注新水或在池中种植部分水生植物，以降低水温，保持水质清新。

（2）气温高时及时清除池中残饵，或在鳝池内混养少量泥鳅，吃掉剩饵，并通过泥鳅上下串游防止黄鳝互相纠缠。

（3）长途运输途中要注意适时注入新水。

（4）如发生此病，立即更换新水，改变水中溶解氧低等不良环境，并用浓度为0.7毫克／升的硫酸铜全池泼洒。

黄鳝肠炎病

关键技术

诊断：病鳝食欲减退，体色发黑，尤以头部为甚；腹部膨大，有出血红斑，肛门红肿，全肠充血发炎。

防治：加强饲养管理，不投喂腐败变质饲料，预防水质恶化。

初步认为本病是由细菌引起，是黄鳝养殖过程中的多发病，尤其夏季更易发病。

（一）诊断要点

病鳝食欲减退，游动迟缓，体色发黑，尤以头部为甚；腹部膨大，有出血红斑，轻压腹部有血水或黄色黏液流出；肛门红肿；肠内无食，局部或全肠充血发炎。

（二）防治措施

（1）加强饲养管理，不投喂腐败变质饲料，及时清除残饵，预防水质恶化。

（2）黄鳝放养前，池水用20～25毫克／升的生石灰消毒，7天后放黄鳝。

（3）治疗该病应采用内服与外用药物相结合的办法。

外用：漂白粉或生石灰全池遍洒，使池水成为2毫克／升浓度或10毫克／升浓度，也可用红霉素全池泼洒，使池水成0.1～0.2毫克／升浓度。

内服：按100千克黄鳝磺胺噻唑10克拌料投喂，连喂3～5天。也可用大蒜头0.5～1千克，捣碎加食盐0.5千克，拌料投服，连喂3～5天。

鳖水霉病

关键技术

诊断：本病的主要特征为病鳖受伤处有一层灰白色棉毛状物。

防治：防止出现外伤是预防本病的关键。治疗宜杀菌消毒。

水霉病又称“肤霉病”或“白毛病”。

（一）诊断要点

1.流行特点 鳖受外伤后，被水霉菌感染所致。该病一年四季都有发生，但易发于水温20℃以下的季节。

2.症状 病初肉眼看不出有明显异状，严重时，可见病鳖的伤口处感染水霉菌，菌丝不仅在伤口侵入，且向外长出外菌丝，似灰白色棉毛。病鳖病情较轻时不会立即死亡，在池内躁动不安，食欲减退，影响生长，严重时会引起死亡。

（二）防治措施

1.预防

（1）防止出现外伤是预防本病的关键。试验表明，鳖及其他水生动物死亡之后，全身会很快长水霉；而受伤的健康鳖只在受伤处长水霉；没受伤的水生动物，即使全身紧贴水霉菌的卵孢子、菌丝，也不患此病。这充分说明保护好皮肤，能有效地预防本病的发生。

（2）让鳖吃好，晒好背也是预防本病的重要方面。吃好可保证足够的营养，提高鳖的抗病力。晒好背可消灭一切附着在鳖体上的有害菌。故在鳖吃食与晒背的时间内，要绝对保持安静，以免影响鳖吃食与晒背。

（3）经常定期地消毒与杀菌。对养殖池定期泼洒生石灰，改善水质，疏松底泥，增加底泥的透气性。对水体消毒时，使用生石灰每立方米水体用量为20克。

2.治疗

（1）避免鳖体受伤，受伤后可在伤口处涂抹磺胺软膏或10%高锰酸钾溶液等。

（2）全池遍洒亚甲基蓝，使池水浓度为2～4毫克／升，同时将鳖治灵

1号拌料投喂（每100千克鳖每次用鳖治灵1号10克，每天投喂2次，连喂3天）。

鳖红脖子病

关键技术

诊断：病鳖脖子红肿，伸缩困难，舌、口、鼻出血。剖检可见肝脾肿大，胆汁充盈。

防治：预防本病的措施包括注射嗜水气单胞菌疫苗；搞好清池，杀菌消毒，保持池水的肥活嫩爽。治疗宜抗菌消炎，消毒池水。

（一）诊断要点

1.病因 水质差，水中有大量病菌，当病菌侵袭体质差的鳖后，引起炎症感染，导致消化系统循环失调、肿大。引起该病的病菌广泛存在于自然水中，水温为18℃以上时，为最活跃期。如春末夏初，此时水温在18℃以上，冬眠的鳖刚刚苏醒，消化系统机能还未恢复，吃食时易弄伤口腔及食道一带而造成细菌感染发病。较大的鳖直至大亲鳖易患病。

2.症状 病鳖脖颈红肿，伸缩困难。舌、口、鼻出血，腹甲出现大小不等的红色斑块，有的逐渐溃烂。病鳖食欲差或不食，时而爬上阴凉处，时而晒背，往往死于晒背后。

3.病变 剖检可见口腔、食道、胃、肠等处有点状、块状出血，以口腔和胃最严重。肝、脾肿大，胆汁充盈。

（二）防治措施

1.预防 预防本病的关键技术是搞好清池，杀菌消毒，保持池水的肥活嫩爽。清塘常用药物为生石灰和漂白粉。生石灰的安全浓度为每立方水体239克，建议使用浓度为60～75克/米^3。对于有效氯为22%的漂白粉安全浓度为35.9克/米^3，药浴浓度为18克/米^3，全池泼洒浓度为3～4克。

在发病期间，除清塘消毒外，还要拌喂药饵，常用药为庆大霉素和卡那霉素。投喂剂量为每千克体重鳖用15万～20万单位，每天1次，连喂

3～6天。第七天可拌喂板蓝根、车前子、乌蔹莓或辣蓼等。

2.治疗

（1）治疗本病可选用庆大霉素、卡那霉素和链霉素等抗生素药物。注射量为每千克体重鳖用20万单位。病程短而轻的鳖可一次治愈，重者要治疗注射2～3次。其中的庆大霉素、卡那霉素也可拌饵投喂，用量为每100千克鳖用1 500万～2 000万单位，拌入饲料中一次投喂。

（2）将8～10克硫酸铜溶于1立方米水中，浸洗病鳖10～20分钟。

鳖腐皮病

关键技术

诊断：病鳖四肢、颈部、背甲、裙边等多处皮肤溃烂坏死。

防治：搞好清池，杀菌消毒是预防本病的关键。治疗宜抗菌消炎，消毒池水。

（一）诊断要点

1.流行特点 全国养鳖地区均有发生，自稚鳖至亲鳖均受害，常引起稚鳖、幼鳖大批死亡。成鳖、亲鳖患病后，往往病程较长。一般5～9月易发，但7月下旬到8月上旬是发病高峰期。

2.病因 水中病原菌遇到受伤鳖时，便乘虚而入，引起感染，鳖不受伤不会被感染。

3.症状 病鳖体表各处溃烂，严重时脚爪、头部前端及裙边都可烂掉，颈部烂成一个个大疙瘩，并可烂及骨骼直至死亡。轻的局部溃烂，有的随着体质增强可自愈，有的也能长期存活。

（二）防治措施

1.预防 要预防本病应采取综合措施：清除水中一切杂物，为鳖创造一个良好的生态环境；在养殖转运过程中，应避免鳖与鳖之间打斗而造成伤残。养殖时要减少捕捞次数或完全避免上市前影响生长的捕捞；在养殖期间和放种前，要对鳖池和鳖体消毒杀菌；消毒后，应注意排污，排污时要将进水与排水分开，若排水沟与进水沟相混，易破坏水质，传播疾病。

2.治疗 全池泼含氯消毒药1～3次，同时每100千克鳖每次用鳖治灵1号15克拌饲投喂，每天投喂2次，连喂5～6天。已失去食欲的重病鳖，可在体表病灶处涂鳖治灵1号，同时在后腿肌肉或腹腔注射鳖治灵2号，每千克鳖注射3毫升，并进行隔离饲养。个别严重的病鳖，在注射3天后没有完全痊愈的，可再注射1次。

鳖赤斑病

关键技术

诊断：病鳖表现腹甲红肿，出现红斑，甚至溃烂露出骨板。

防治：减少伤害，改善水质及饲养条件是预防本病的关键。治疗宜抗菌消炎。

赤斑病又称“腹甲红肿病”、“红底板病”、“红腹甲病”，由点状产气单胞菌引起。

（一）诊断要点

1.流行特点 流行高峰期为水温20℃的季节，如4～5月的阴雨天气，也延长到8月。该病来势凶猛，死亡率高。

2.病因 鳖类底板受伤，细菌趁机侵入，导致本病发生。

3.症状 病鳖腹甲红肿发炎，出现红斑，甚至溃烂，露出腹甲骨板，口鼻呈红色，咽部红肿。解剖可见肝脏呈紫黑色，严重淤血，肾脏严重变性。病鳖停食，反应迟钝，一般2～3天死亡。

（二）防治措施

1.预防

（1）减少鳖体的伤害：鳖喜欢到沙地上，靠爪挖坑产卵，靠底板把产卵窝压平消除痕迹。这一系列的东爬西抓，若遇上锋利的锐器，活动场所表面不光滑，都易将鳖爪、鳖腿、底板划伤，使细菌有机可乘，感染致病。因此，在鳖的活动场所应尽量做到清除锐器，保持地面平滑。

在捉鳖、放养、运输等活动中，要特别注意，不让鳖相互咬伤、抓伤、挤压和摩擦伤。尤其在捉鳖时，众多鳖放养于一筐，往往相互撕咬，抓破表皮，这是得病的重要原因，应特别注意。

防止鳖受伤的措施要得力。捕获大小鳖时，最好做到一起捕用清水洗去泥沙，马上装入袋中，或一起捕立即放入装有浮萍或水草的运输容器里，这样可避免相互咬伤。运输要快捷，途中要注意淋水，保持通风潮湿，堆放鳖筐时要用器物隔开，防止挤压。运到目的地后不能立即入池，要先淋池塘水，让鳖适应一下，然后用高锰酸钾浸泡消毒。高锰酸钾溶液的温度应与放入池中的水温一致，然后将鳖轻轻地放在产卵地带，让其自由入水。

（2）清塘、消毒、药饵投喂：放种前鳖池消毒，每亩放生石灰100～150千克，7～10天药性消失后，放鳖入池。

放种前、转池前，对鳖体进行杀菌消毒后再入新池。一般将高锰酸钾溶化成淡紫色溶液，将鳖浸泡。

对易发病的季节，要定期在饵料中拌喂消炎杀菌药物。如按每千克鳖每天添加15万～20万单位卡那霉素于饲料中，连续投喂6天。

2.治疗　若病情较轻，可用10%高锰酸钾溶液浸洗10～15分钟，有一定疗效。病情严重者可从后腿肌肉或皮下注射抗生素（如硫酸链霉素，剂量为每千克鳖用20万单位）。

鳖穿孔病

关键技术

诊断：病鳖体表有大小不等的淡黄色或白色疖疮，四周红肿，最后溃破，留下空洞。

防治：减少伤害，保持水质清洁是预防本病的关键。治疗宜抗菌消炎，消毒池水。

鳖的穿孔病又称“疖疮病”、“洞穴病”、“烂甲病”，由产气单胞菌感染引起。国内不少资料与书籍将疖疮病与穿孔病分开叙述，认为是两种疾病。但它们的病原相同，症状基本相似，临床上出现的疖疮与洞穴只是疾病发展的早期及晚期表现，因此应视为同一种疾病。

（一）诊断要点

1.流行情况 该病对各年龄段的鳖均有危害，尤其对温室内的幼鳖危害最大。室外流行季节为4～10月份，5～7月份为发病高峰；温室中主要发生于10～12月份，流行水温为25～30℃。

2.病因 当鳖受伤，包括擦破表皮后，受伤处失去了对外界细菌的抵抗能力，被有致病性的产气单胞菌感染所致。

3.症状 病鳖初期在体表如背部、腹部包括裙边长着大小不等的疮，疮的周围红而充血，疮上结痂，挑开痂壳，可流血，疮处穿洞。严重的可见内腔壁。未挑开的结痂可自行脱落，脱落处留一小洞。

（二）防治措施

1.预防 同鳖的赤斑病。

2.治疗

（1）病鳖用浓度为2.5%食盐水浸浴10～20分钟。原池用生石灰泼洒，使池水成10～15毫克／升浓度，5天后再泼洒1次。同时按1千克鳖用15~20万单位卡那霉素拌料投喂，连喂7天。

（2）先洗净病鳖，用消毒的竹签挑掉疮痂，然后用碘酊涂抹伤口，接着以10%高锰酸钾溶液浸洗病鳖，再用红霉素软膏涂抹伤口，最后在后肢基部注射卡那霉素，按1千克鳖用1万单位计算注射量。

鳖水蛭病

关键技术

诊断：诊断本病的关键是病鳖消瘦，无力，皮肤苍白多皱，在鳖的四肢、腋下、颈部、裙边及体后缘处，发现虫体。

防治：防治本病的关键是提高鳖的自身抗病能力，及时消灭养鳖池内的水蛭。

鳖水蛭病是由鳖穆蛭和杨子鳃蛭寄生于鳖的体表而引起的体表寄生虫病。鳖穆蛭体长13.5毫米，体宽5毫米。杨子鳃蛭一般长9～15毫米。

（一）诊断要点

1.流行特点 虫体常寄生于鳖的四肢、腋下、颈部、裙边及体后缘处，少则几条，多则数十条，呈零星状或群体纵状分布。本病在我国各养鳖地区都有发生，一年四季都可以发病，以春末夏初较为流行。

2.症状 虫体寄生于鳖体表吸食血液，使鳖出现食欲减退或废绝，皮肤苍白多皱，鳖体消瘦、无力，四肢和颈部收缩能力减弱，反应呆滞，甚至不怕人，喜欢上岸而不愿下水。寄生数量不太多时，鳖焦躁不安，常吃掉反颈能吃到的水蛭。病鳖由于长期失血，轻者影响生长发育，重者可因心力衰竭而死亡。

（二）防治措施

（1）养鳖池内应有安静向阳的“晒背”场地，可让鳖经常进行日光浴，提高机体的抵抗力，防止蛭病发生。

（2）鳖放养前，用生石灰彻底清塘，杀灭水蛭。在鳖饲养过程中，每5～7天用10～15毫克/升生石灰全池泼洒1次，既可改善水质，又可使蛭类因不适应碱性环境而死亡。

（3）诱捕水蛭。根据水蛭的生活习性，常采用以下方法：①可在水中栽种水葫芦或水浮莲，它们的多须长根在水中自由生长，成了水蛭的栖息处，当根上住满了水蛭时，再取出水葫芦杀灭水蛭；②可用杂草、稻草、废网片等，涂上鳖血或其他动物血，系上绳子，丢入水中，水蛭闻到血液气味后马上赶来吸血，取出这些诱捕物，消灭水蛭。

（4）药物杀灭水蛭：①用40～50毫克/升的生石灰化浆全池泼洒，根据病情，每5～7天进行1次；②用1毫克/升晶体敌百虫，或10毫克/升高锰酸钾，或0.7毫克/升硫酸铜全池泼洒，均有较好的疗效；③用10%的氨水或2.5%的食盐水，在水温10～32℃时，浸洗病鳖20～30分钟，水蛭可脱落或死亡。

（5）若成鳖或亲鳖有少量水蛭寄生时，忌用镊子钳住硬拉，以免使鳖的皮肤受伤，可在水蛭体表涂清凉油、风油精等，水蛭受刺激后就会脱落，脱落的水蛭可用火烧死；然后在鳖体表涂上卡那霉素液，每天涂1次，连续涂2～3天后放回原池。

鳖固着纤毛虫病

关键技术

诊断： 诊断本病的关键是病鳖摄食量很少，摄食困难，反应迟钝，生长发育停滞，最终导致死亡。在病鳖体表有白色或灰色毛状物，毛状物很短，可随水色而变化。

防治： 预防本病的关键是保持水质优良及鳖体健壮。治疗用高锰酸钾或大蒜头等涂抹，效果很好。

鳖固着纤毛虫病是由钟形虫、聚缩虫、单缩虫和累枝虫等附着在鳖体上生存所造成的疾病，因此本病又称钟形虫病、累枝虫病、吊枝虫病。这些虫体的基部都有柄，用柄的基部附着在鳖体上。它们一般呈倒钟罩状。

（一）诊断要点

1.流行特点 该类纤毛虫在水体中一年四季到处都有，可随水流四处传播，更可随水中其他饵料生物、工具传播。本病的发生无明显的季节性，主要危害稚、幼鳖，在水质污浊的水体中容易患此病而引起大批死亡。成鳖和亲鳖也可感染发病。

2.症状 该虫最初固着在鳖体四肢腋窝处和脖颈处，严重感染时，可固着在全身每个部位，肉眼可见稚、幼鳖表面有一层灰白色或白色的毛状物，手摸有滑腻感。当鳖池池水呈绿色时，虫体上因着生绿色藻类而变成绿色，因而使鳖体也呈绿色。该类虫体不是寄生在鳖体内而是附着在鳖体上。它不吸取鳖的营养，而是靠水中的细菌、有机碎屑和鳖体表皮细胞为生，因此，该虫附着不多时，对鳖影响不大。若附着数量增多时，被附着鳖摄食量很少，摄食、呼吸困难，反应迟钝，生长发育停滞，最终导致死亡。

3.鉴别诊断 诊断该病时应注意与水霉病相区别：患该病的鳖体表呈簇状的白色，白毛生出较长；而患水霉病的鳖则是致密的柔软的棉花絮状，当从泥沙中捞出时，因其可粘上部分微小泥沙颗粒而呈灰褐色。

（二）防治措施

1.预防 进行综合预防，保持水质优良及鳖体健壮。

2.治疗 鳖发生此病后，可采取以下方法治疗。

（1）用0.6～0.8毫克／升硫酸铜或0.8～1毫克／升硫酸铜和硫酸亚铁合剂全池泼洒，每天1次，连用2～3天。使用此药时要注意，用药浓度和用药时间应根据水温和池水肥瘦度而定。

（2）用2.5%的食盐水浸洗病鳖10～20分钟，每天1次，连用2天。

（3）用8毫克／升硫酸铜或者10毫克／升高锰酸钾浸洗病鳖20～30分钟，每天1次，连用2～3天。

（4）用1%高锰酸钾溶液涂抹病灶，每天1次，涂后放入隔离池，连用2天。

（5）将大蒜头捣烂如泥涂抹于虫体上或溶于水中浸泡，也可适量灌服。

（6）将臭椿皮煎成汤外用，也可与槟榔一道研成粉末和醋、食用油调匀外用涂抹。

病重时，可用鳖治灵拌饲投喂3天，药量减半。治愈后，必须保持水质优良，投喂优质饲料，否则，因为鳖体表被寄生处皮肤的损伤尚未完全修复，很容易受细菌感染而患细菌性败血症，引起大批死亡。

鳗赤鳍病

关键技术

诊断：病鳗表现各鳍充血发红，腹部或体侧皮肤充血，肛门红肿；剖检可见到肠道脱屑性炎症，肝淤血呈暗红色。

防治：避免鳗体受伤，改善水质，加强饲养管理是预防本病的主要措施。治疗宜抗菌消炎，消毒池水。

（一）诊断要点

1.流行特点　赤鳍病是一种常见病，也有暴发性流行，危害严重。它主要在露天池流行，各种规格的鳗均可患病。在春季水温上升期、秋季水温下降期及天气不稳定的梅雨期易发生和流行。日本鳗在高水温期发生流行病例较少；欧洲鳗赤鳍病在高温季节常见，尤其是水温25℃以上为发病高峰期，且极易暴发嗜水气单胞菌引起的败血症，败血症一旦发作，较难控制。

2.症状　病鳗最初表现食欲不振，离群散游或停靠池边。病鳗各鳍充血发红，腹部或体侧皮肤充血，肛门红肿。常感染水霉。剖检可见肠道脱屑性炎症，肝淤血呈暗红色。

（二）防治措施

（1）尽量避免鳗体受伤，注意改善水质，及时清除残饵，避免投饵过量。欧洲鳗养殖时应采取欧洲鳗专用饵料及符合欧洲鳗摄食习惯的投喂方式，是预防本病发生的主要措施。

（2）用浓度为30～50毫克／升的福尔马林全池泼洒，连续2天。同时喂服鳗康达Ⅱ号，用量为每20千克饲料添加鳗康达Ⅱ号35～75克，连喂5～7天为一疗程；或喂服抗生素，土霉素6～10克拌料投喂，连喂5～7天；或用四环素3～6克拌料投喂，连喂5～7天。

鳗爱德华氏菌病

关键技术

诊断：病鳗表现为腹侧皮肤及臀鳍发红，侵袭肾脏型以肛门为中心肿大呈丘状；侵袭肝脏型前腹部显著肿胀。

防治：加强饲养管理是预防本病的关键。治疗宜抗菌消炎，消毒池水。

（一）诊断要点

1.流行特点 此病从白子鳗到成鳗都可发生，尤以黑子鳗和养成阶段发病率最高，危害较大，特别是白子鳗投喂蚯蚓后1周左右最易发生急性流行，引起大批死亡。一年四季均可发生，尤以4～8月份，水温在25～30℃时病情更严重。

2.症状 本病分肝脏型（化脓性肝炎）和肾脏型（化脓型造血组织炎）两类。前者较为常见，主要症状为鳗前腹部肿大、充血或出血，腹部肌肉坏死，皮肤软化，严重者腹部穿孔。肾脏型症状主要为肛门红肿突出，肛门前后的肾脏部位肿大，肌肉坏死，皮肤充血，挤压腹部有腥臭的脓血流出，剖检可见脾、肾脏肿大。

（二）防治措施

1.预防

（1）鳗苗入池前用15～20毫克/升高锰酸钾或1%～2%食盐溶液浸洗10分钟，并对使用的工具进行消毒。

（2）对喂食的蚯蚓要彻底洗净，尽量增加暂养时间，让其排出体内污物，并进行多次消毒。

（3）定期用30毫克/升福尔马林全池遍洒，维持浓度8小时以上。

（4）合理密养，加强饲养管理，经常清除残饵和粪便污物，适当加大换水量，以保持较好的饲养环境。

2.治疗

（1）用0.5～0.6毫克/升强氯精全池遍洒，同时每吨鳗用抗生素（土霉素、四环素、新霉素任选一种）50～100克或用磺胺甲基异唑100～200克，均匀拌入饵料中投喂，每天1次，连喂5天。

（2）用2毫克/升鳗神（先加水煎煮2～4小时）全池均匀遍洒，每天1次，连续3天，同时用1千克爱克停拌在100千克饵料中投喂病鳗，连喂5～7天。

鳗红点病

关键技术

诊断：病鳗体表点状出血，尤以胸鳍基部、腹部、肛门周围为甚。

防治：在不含盐分的淡水中饲养，同时将水温提高到26～27℃，可有效地预防本病的发生。治疗宜抗菌消炎，消毒池水。

（一）诊断要点

1.流行特点　本病流行于冬末春初，水温10～25℃的池水中，尤其是在盐分较高的鳗池。露天池塘4～6月份常发生此病。

2.症状　病鳗体表各处点状出血，尤以下颌及腹部严重，剖检可见腹膜点状出血；肝肿大、淤血呈网状暗红色；肠壁充血。严重病鳗1～2天内死亡。

3.鉴别诊断　本病的出血与爱德华氏菌病、赤鳍病体表见到的充血发红的症状不同，该病为渗出性出血，用手或小网捞取病鳗时手或网上有黏附的红色糊状物，其他两种无此种现象，以此可以鉴别。

（二）防治措施

温室养鳗时，将鳗池水温提高到26～27℃，可有效地预防和治疗本病。在不含盐分的淡水中饲养是预防本病的重要措施。

本病的潜伏期长，病鳗症状尚未表现出来，就已失去食欲，故口服药难以奏效，可用含氯消毒剂全池遍洒，使池水成0.2～0.3毫克／升浓度。

鳗烂鳃病

关键技术

诊断：病鳗鳃丝腐烂，黏液增多，鳃部充血发红或失血变白，严重时仅残留鳃丝软骨。

防治：合理放养，注意增加水中氧气含量是预防本病的主要措施。治疗宜消毒池水。

本病是一种常见病、多发病，流行较广。

（一）诊断要点

1.流行特点　本病流行季节较长，但以春夏交替、夏秋交替阶段为流行高峰，成鳗比幼鳗发病率高。

2.症状　病鳗在水面无力游动，有时停在水流弱的角落或池边。病鳗体色稍黑，外观无特别明显症状。若用手指压鳃，从鳃孔会流出红色黏液。剪开鳃盖，可见鳃丝从边缘开始腐烂，鳃组织充血、淤血，黏液增多。病烂部位带黄色，并粘有污泥杂物。严重时可见大部分鳃丝腐烂，仅残留鳃丝软骨。

（二）防治措施

1.预防　注意投饵方法，避免投饵过量，经常清除残饵，保持水质清洁，增加水中溶氧量，适当加大换水量，能有效预防此病发生。

2.治疗

（1）用浓度为25～35毫克／升的福尔马林全池泼洒。

（2）用250克大黄干药煎汁后稀释成5千克母液，添加15克氨水浸泡12小时后，以每立方米水用1毫升的用量，全池均匀泼洒，每天1次，连用2天。

鳗烂尾病

关键技术

诊断：病鳗表现在鳍的外缘和尾柄有黄色黏性物质，后尾鳍及尾柄充血、发炎、糜烂，严重时尾鳍烂掉，尾柄肌肉溃烂。

防治：尽量避免鳗体受伤，保持水质优良是预防本病的关键。治疗宜抗菌消炎，消毒池水。

（一）诊断要点

1.流行情况 本病流行于5～9月份，当水温为18～21℃和26～29℃时易发病，主要危害黑子鳗和小鳗种。

2.症状 病鳗反应迟钝，在水面漫游，失去食欲。尾部黏液脱落，色发白，进而皮肤溃疡，出血发红，随着病情发展，肌肉组织溃疡脱落，脊椎骨外露，易折断。

（二）防治措施

1.预防 过池、选别、运输中操作要细心，尽量避免鳗受伤。过池时要注意鳗体和池塘消毒，防止感染。

2.治疗

（1）用0.5%～0.7%食盐溶液浸浴病鳗2～3天。

（2）用浓度为30～50毫克/升的福尔马林全池泼洒，每天1次，连续泼洒2～3天。

鳗水霉病

关键技术

诊断：病鳗体表病灶处带有淡黄色絮状物，剖检可见胆囊肿大。

防治： 避免体表创伤是预防本病的关键。治疗宜抗菌消炎，消毒池水。

（一）诊断要点

1.流行特点 水霉病对各年龄阶段的鳗均有危害，对白子鳗和黑子鳗的危害尤其严重，一旦蔓延，死亡率相当高。在露天池养鳗条件下，该病是危害严重的一种疾病，每年都有流行。通常在水温10～20℃时发病，13～18℃为发病的最适温度。水温20℃以上水霉病可自然痊愈。

2.症状 病鳗体表伤口处有菌丝侵入并向外长出外菌丝，似灰白色棉毛状。病鳗无力地在水面游动，有时停在池边浅滩不动。幼鳗头部寄生水霉时，菌丝会侵入脑、心脏、血管、肝脏及其他主要器官，造成极大危害。

（二）防治措施

（1）养鳗池用生石灰彻底清塘，鳗苗和鳗种运输、选别、过池要小心操作防止鳗受伤。

（2）用0.7%～1%食盐溶液，浸浴病鳗36～48小时。

（3）全池用2～3毫克／升亚甲基蓝，隔2天后再用1次。

（4）将水温升高到25～26℃并维持4～5天，能达到治疗的效果。

鳗车轮虫病

关键技术

诊断： 诊断本病的关键是病鳗皮肤和鳃丝黏液分泌增加，鳃丝充血，体表有细小出血点，食欲下降。

防治： 预防本病的关键是采取综合预防措施，发病后用硫酸铜、杀虫灵等药物治疗。

鳗车轮虫病是由各种车轮虫寄生于鳗的皮肤和鳃上所引起的一种寄生虫病。本虫虫体较小，必须在显微镜下才能看到。

（一）诊断要点

1.流行特点　本病一年四季皆可发生，但以春季和初夏较多。该病比较普遍，主要危害幼鳗，当水质不良、放养密度过大、阴雨连绵时容易发生此病。

2.症状　该虫主要寄生在幼鳗的皮肤和鳃上，摄取组织营养、损伤皮肤和鳃组织。鳃丝肿胀充血，黏液分泌过多，影响呼吸和生长。大量车轮虫感染的鳗鱼，食欲下降，身体消瘦，生长缓慢，游动迟缓，有的病鳗体表充血发红，有细小出血点，鳍尖端蛀烂。重症病鳗最终死亡。

（二）防治措施

1.预防

（1）进行综合预防，鳗种放养前用10～20毫克／升高锰酸钾水溶液或8毫克／升硫酸铜水溶液药浴10～30分钟。

（2）鳗苗在饲养20天左右时，要及时分塘。

（3）每100平方米水面放楝树或枫杨树新鲜枝叶2.5～3千克沤水（扎成小捆），隔天翻一下，每隔7～10天更换1次新鲜枝叶。

2.治疗

（1）30毫克／升福尔马林全池泼洒，维持浓度12小时左右。

（2）用0.7毫克／升的硫酸铜和硫酸亚铁（5：2）全池泼洒。

（3）用0.7%～1%食盐水浸浴3～5天。

（4）用亚甲基蓝溶液全池泼洒，使池水成3毫克／升浓度，每3～4天全池泼洒1次，连续泼洒3～4次。

鳗居线虫病

关键技术

诊断：诊断本病的关键是病鳗鳔充血、发炎或鳔壁增厚，当鳔膨大时，病鳗后腹部肿大，腹部皮下淤血，肛门红肿，甚至鳔破裂，虫爬出体外。病鳗活动异常，离群，有时头向上，在水面游动。在鳔内有幼、成虫。

防治：预防本病的关键是用生石灰和漂白粉清塘。用敌百虫等药物治疗的同时，服用抗生素防止细菌感染。

鳗居线虫病又称鳔线虫病，是由鳗居线虫寄生于鳗鳔内所引起的一种寄生虫病。虫体呈圆桶状。

（一）诊断要点

1.流行特点 本病在全国各养鳗地区均有发生，且一年四季皆可发病，但以6～9月份最多。从鳗苗至成鳗均有发生，尤以100克以上的鳗鱼寄生率最高。

2.症状和病变 当鳗被大量虫体寄生时，鳔充血、发炎或鳔壁增厚，当鳔膨大时，病鳗后腹部肿大，腹部皮下淤血，肛门红肿，甚至鳔破裂，虫爬出体外，也有的从肛门或尿道爬出体外。病鳗活动异常，离群，有时头向上，在水面游动。鳗苗被大量寄生时，停止摄食，瘦弱，贫血，并可引起死亡。剖检见鳔内有幼、成虫。

（二）防治措施

目前尚无有效的治疗方法。主要是靠切断其生活史预防此病。

（1）生石灰或漂白粉清塘，杀灭幼虫和中间宿主，来预防此病。

（2）日本鳗患病，可用1毫克/升晶体敌百虫全池泼洒，杀灭幼虫和中间宿主——剑水蚤，同时给病鳗喂服抗菌药物预防细菌感染。

（3）欧洲鳗患病，用0.7毫克/升鳗虫清全池泼洒杀灭中间宿主——剑水蚤，同时喂服一些抗生素，或投喂鳗虫清，用量为每100千克饵料内拌入30克鳗虫清，防止鳔炎的进一步扩大。

鳗拟指环虫病

关键技术

诊断：诊断本病的关键是病鳗的鳃肿胀，影响呼吸，当大量寄生时，病鳗会出现狂奔乱游，不摄食，造成幼鳗大量死亡。显微镜检查鳃，能见到虫体。

防治：预防本病的关键是鳗苗下塘前进行药浴，鳗群发病后用敌百虫等药物治疗。

鳗拟指环虫病是由拟指环虫寄生于鳗鳃和皮肤而引起的一种寄生虫病。

（一）诊断要点

1.流行特点 危害各种淡水养殖鱼类及观赏鱼类。本病主要靠虫卵和幼虫传播。病鳗运输、转移池塘也是传播途径之一。此病全年发生，但流行高峰期在夏季高水温期，秋冬季发病较少，水质较差的养池中易暴发。

2.症状 拟指环虫可寄生于皮肤和鳃上，但一般都寄生于鳃部。病鳗的鳃肿胀，影响呼吸，当大量寄生时，鳃部显著浮肿，鳃盖张开。病鳗在水中独游，时而会出现狂奔乱游，不摄食，造成幼鳗大量死亡。显微镜检查鳃，能见到虫体。

（二）防治措施

（1）苗种期用浓度为50～70毫克/升的福尔马林浸浴20～30分钟，用于预防（视体质状况而定）。

（2）用浓度为0.6～1毫克/升的甲苯咪唑浸浴，18～24小时后换水，一星期后重复浸浴1次。

（3）用浓度为1毫克/升的虫必克浸浴病鳗24～36小时，10日后重复浸浴1次。土池用浓度为0.5毫克/升的虫必克，全池泼洒。

（4）日本鳗发病后可用0.2～0.5毫克/升晶体敌百虫，全池泼洒，或用30毫克/升福尔马林全池泼洒。由于欧洲鳗对敌百虫敏感度高，因此在治疗该病时应慎用敌百虫，可用0.7～1毫克/升鳗虫清全池泼洒，18小时后换水。

鳗匹里虫病

关键技术

诊断：诊断本病的关键是幼鳗患病后在体表有黄白色斑，成鳗患病后可见躯干部凹凸不平。

防治：防治本病的关键是加强饲养管理，保持良好的水质。

鳗匹里虫病是由鳗匹里虫寄生于鳗的肌肉中所引起的一种寄生虫病。

（一）诊断要点

1.流行特点 在加温的养鳗池内，从子鳗至成鳗均可感染本病，但对幼鳗的危害最大。可引起大批死亡。即使不死，也长不大，外观丑陋，毫无商品价值。本病的发病时间是4月中旬~7月中旬。

2.症状 鳗匹里虫寄生于鳗体侧肌肉，虫体主要在肌纤维间形成球形或卵圆形，外周被结缔组织性薄膜所包围形成胞囊。胞囊发育成熟后，胞囊破裂，虫体散布于肌肉组织内外，同时使周围组织溶解，体表内陷，使两侧肌肉变形，呈现凹凸不平，因此又称此病为凹凸病。但幼鳗感染后，体表可见黄白色斑，而凹凸不明显。严重感染时，病鳗消瘦，游动缓慢，不摄食而死亡。

（二）防治措施

（1）池塘用生石灰彻底清塘。

（2）发现病鳗逐一挑出来，深埋或烧掉，防止传染。

（3）每吨鳗每天用50毫克烟曲菌素拌入饵料中投喂，连喂20天，有一定疗效。

（4）将养鳗池水温逐渐升至34～36℃，能够杀死病原体——鳗匹里虫，从而治愈本病或防止本病的发生。

鳗小瓜虫病

关键技术

诊断：诊断本病的关键是在病鳗的体表、鳍条或鳃上，有肉眼可见的白点，严重时在体表还可形成一层白色薄膜。

防治：防治本病的关键是加强饲养管理，保持良好的水质。发病后用瓜虫净等治疗。

鳗小瓜虫病是由多子小瓜虫寄生于鳗体表、鳍条和鳃上所引起的一种寄生虫病。由于本病的特点是在病鳗体表有肉眼可见的白点，故又称白点病。

（一）诊断要点

1.流行特点 本病对鱼的种类和年龄无严格的选择性，但主要危害鳗苗和小规格鳗种，欧洲鳗比日本鳗感染率高。本病全国各地均有发生，主要流行于春末冬初季节。发病迅速，病鳗感染率及死亡率均很高，常引起大批死亡。

2.症状 在病鳗的体表、鳍条或鳃上，有肉眼可见布满许多针尖至米粒大小的小白点，严重感染时在体表还可形成一层白色薄膜。有时眼角膜上也有小白点，同时伴有大量黏液，表皮糜烂、脱落，甚至蛀鳍，瞎眼；病鳗体色发黑、消瘦、游动异常，因呼吸困难而死。

（二）防治措施

目前尚无理想的治疗方法，但只要加强饲养管理，保持良好的水环境，投喂优质饲料，增强鳗体抵抗力，鳗就不会患本病，即使虫体寄生到鳗体上，也会发生中途夭折。万一发病后，可用下列药治疗。但要注意防治本病时，禁止使用硫酸铜、食盐和福尔马林，以防加剧病情的发展。

（1）用2毫克/升的瓜虫净（将该品煎煮2小时）全池泼洒，每天1次，连用2天。

（2）有条件的可将水温升到26～30℃，保持4～7天，使虫体从鳗体上脱落，然后转池饲养，对原池塘进行彻底消毒，具有良好效果。

牛蛙红腿病

关键技术

诊断：病蛙表现腹部臌气，后肢红肿，严重时后腿关节有脓疮；腹部、肛门及尾部有出血斑，腹内出血。

防治：加强饲养管理，定期消毒，按时注射红腿病菌苗。治疗宜抗菌消炎。

红腿病又称“出血性败血症”，是危害蛙最严重的传染性疾病之一，传染性强，死亡率高，世界各地均有发生，我国很多养蛙场也普遍流行此病。

（一）诊断要点

1.流行特点 成蛙易发生此病，幼蛙也时有发生。一年四季都可发生，但在水温20℃左右时多发，冬季人工加温饲养，病例增加，炎热夏季则略有减少，以冬眠后发病最为普遍。该病常与肠炎并发。

2.症状 病蛙精神不振，不愿活动，不摄食，提起时四肢无力。病蛙腹部膨气，临死前呕吐、拉血便。病蛙头部、嘴周围、腹部、背部、腿和脚趾上有绿豆至花生米大小不等、粉红色的溃疡或坏死灶；后腿红肿呈红色，后肢无力颤抖，头部伏地，严重时后腿关节有脓疮，脓疮破溃后，流出淡红色脓汁。剖检可见腹腔内有大量清亮无色腹水，肠内空虚或出血，肝、脾、肾、胆囊肿大，肝呈黑色、红褐色或黄色，脾脏、肾脏肿大1倍以上，脾脏呈黑色，肾呈红色。病程1周左右。

（二）防治措施

（1）加强饲养管理，增强蛙的体质，提高抗病力，防止蛙体受伤，并定期进行药物预防：用适量土霉素拌饵投喂或用0.3毫克/升红霉素全池泼洒。

（2）定期对水体进行消毒，一般用浓度为0.3毫克/升的三氯异氰尿酸和浓度为30毫克/升的生石灰间隔消毒，每星期1次，作预防。

（3）用红腿病菌苗腹腔注射，每只（60～80克）蛙注射0.4毫升，有良好的预防效果。

（4）及时捞出病蛙，集中在一个池内或缸内，每100千克水中加入500万单位抗生素（红霉素、庆大霉素、卡那霉素、丁胺卡那霉素任选一种）浸泡病蛙30分钟。病情严重者可肌肉或腹腔注射上述抗生素中的任一种，剂量为4万～5万单位/千克体重，每天1次，直至痊愈。对池内剩蛙，可先更换池水，再按上述方法加入药物进行浸泡。

牛蛙腐皮病

关键技术

诊断：病蛙头部、背部表皮脱落，严重的溃烂出血，关节肿大，腹腔积水，摄食停止，消瘦。

防治：加强饲养管理，提高机体的抗病力，同时定期消毒，是预防本病的关键。治疗宜抗菌消炎。

该病又称“烂皮病”，主要是蛙受伤后感染细菌所致。其次，长期投喂单一饵料或腐败变质饵料，致使蛙中毒或缺乏营养，尤其是缺乏维生素A、维生素D，也是诱发本病的重要因素。

（一）诊断要点

1.流行特点 此病多发生于150克以下的幼蛙，刚完成变态后的幼蛙发病率更高。发病季节为5～11月份，其中6～9月份为高峰期。发病水温为10～35℃。发病率一般为20%～50%，单纯以蚕蛹为饵料的养蛙地区发病率更高。

2.症状 病初蛙的头部、背部表皮脱落，开始腐烂露出背部肌肉，严重者露出白骨。蛙眼瞳孔病初时出现粒状突起，逐渐发白，直至形成一层白色脂膜覆盖在眼球表面。剖开腹腔，可见肺充气，胃内无食物而充满黏液，肠壁变薄而透明，肝、脾肿大，胆囊内充满透明液体。

（二）防治措施

（1）在蝌蚪变态前期进行强化培养，饵料中适当添加维生素A、维生素D及其他矿物元素如钙、磷、碘等，不但可大大提高蝌蚪的变态成活率，而且使变态后的幼蛙具有较强的抗病能力。

（2）幼蛙放养前用浓度为20毫克/升的高锰酸钾和3%食盐混合液浸浴5～10分钟。

（3）发病初期，可用富含维生素A的鱼肝油补饲，治疗有效率可达95%以上，也可在每千克饵料中添加维生素D、维生素B_6各100毫克，连喂7天。

（4）对于病蛙，可每2天喂1次鲜鱼肝，每次1克/只，一周后可治愈。

（5）隔离病蛙，用0.3%食盐溶液消毒体表或用金霉素眼膏涂抹病灶，并用磺胺嘧啶粉和复合维生素拌在饵料中投喂。

（6）水体消毒灵全池泼洒，使池水成0.2～0.3毫克/升浓度，同时喂服康宝。

（7）用庆大霉素（10千克水中加80万单位）浸泡病蛙24小时，同时用1%高锰酸钾溶液涂抹烂皮处。

牛蛙胃肠炎

关键技术

诊断：病蛙表现身体瘫软，摄食停止，胃肠道充血、发炎。

防治：定期消毒，严防用腐败变质饵料喂蛙是预防本病的关键。治疗宜消炎健胃。

本病主要是蛙或蝌蚪摄食了不清洁或腐败变质的饵料后感染细菌所致。

（一）诊断要点

1.流行特点 本病危害蝌蚪、幼蛙及成蛙，流行于5～10月，常与红腿病并发。蝌蚪发病快，危害大，常发生在前肢将长出、呼吸系统和消化系统发生变化时。幼蛙及成蛙发病多在春夏和夏秋之交。严重时可引起大批死亡。

2.症状 蝌蚪发病后游动迟缓，腹部肿胀，肛门周围红肿，解剖时可见胃肠充血发炎，并伴有腹水。幼蛙或成蛙躁动不安，喜欢钻入泥中；严重时蛙体虚乏力，行动迟缓，食欲减退，缩头弓背。剖检死蛙可见肠内少食或无食多黏液，胃肠内壁有炎症。

（二）防治措施

（1）在放养蝌蚪前，用生石灰清塘消毒；或在饲养过程中每15～20天用8～10毫克/升漂白粉或硫酸铜遍洒全池，以预防蝌蚪胃肠炎的发生。蝌蚪发病后可在蝌蚪池中撒食盐，使池水成0.05% ～0.1%的浓度，保持3天后换水。

（2）预防幼蛙和成蛙胃肠炎，要注意饵料新鲜清洁，勤换水，对食台定期刷洗和消毒。发病后，在饵料中加入磺胺类药物，按每千克蛙重添加0.2克磺胺类药物，第二至第六天药量减半。也可用胃散片或酵母片添喂，每天2次，每只病蛙每次半片，连喂3～4天；或每千克蛙每天用氟哌酸胶囊（每粒0.1克）1/4～1/5粒投喂，连喂3天；或硫酸庆大小诺霉素2万～8万单位，一次肌肉注射，每天2次至痊愈。

牛蛙脑膜炎

关键技术

诊断：病蛙行动迟缓，眼球凸出，双眼失明，腹水，肛门红肿。腹部朝上，浮于水面，游动时则原地打转，直至死亡。解剖病蛙可见肝脏肿大发黑，脾脏萎缩，脊柱两侧出血。

防治：定期消毒，并控制水温是预防本病的关键。治疗宜抗菌消炎。

蛙脑膜炎又称“歪脖子病”，由脑膜败血性黄杆菌引起。

（一）诊断要点

1.流行特点　青年蛙、亲蛙、蝌蚪均可发病，但主要危害100克以上的蛙，传染性很强，发病时间一般为7～10月，流行水温为20℃以上。蛙从发病到死亡的时间依水温高低而不同，一般为4～7天，水温低时则可延长到15天以上。

2.症状　病蛙外表肤色发黑，厌食懒动，头斜着朝向一边，呈歪脖子状。眼球凸出，双眼失明，腹水，肛门红肿。常伏于陆地阴湿处，身体在水中失去平衡，腹部朝上，浮于水面，游动时则原地打转，直至死亡。解剖病蛙可见肝脏肿大发黑，脾脏萎缩，脊柱两侧出血。

（二）防治措施

（1）定期换水，定期用强氯精或高锰酸钾和冰乙酸合剂遍洒全池进行消毒。

（2）蛙患病后，用浓度为0.5毫克/升的红霉素全池泼洒，24小时后再泼洒三氯异氰尿酸，浓度为0.3毫克/升。同时在饲料中拌入红霉素，每千克蛙用20～30毫克，连喂4～5天；或用磺胺噻唑，每千克蛙第一天用0.2克磺胺噻唑，第二天至第七天药量减半。

（3）对于严重的病蛙，可用红霉素按4万～5万单位/千克体重的剂量进行腹腔注射，每天1次，直至痊愈。

（4）蝌蚪患病可用50～100毫克/升红霉素溶液浸泡30分钟，有一定效果。

牛蛙肝炎

关键技术

诊断：病蛙表现为体色呈灰黑色。临死前头部低垂，口吐黏液，黏液中常伴有血丝。剖检可见肝脏严重色变，或失血呈灰白色，或严重充血而呈紫黑色。肠、胃内无食物，仅有少量黏液，时有肠段套进胃中的现象。

防治：加强饲养管理，定期消毒是预防本病的关键。治疗宜抗菌消炎。

（一）诊断要点

1.流行特点 主要危害100克以上的成蛙，流行季节为5～10月份。临床表现为急性型，传染性极强，从发病到死亡只需2～3天，死亡率极高，因此危害较大。

2.症状 病蛙外表无明显症状，仅表现为体色呈灰黑色，失去原有光泽。临死前头部低垂，口吐黏液，黏液中常伴有血丝。解剖观察，病蛙肝脏严重色变，或失血呈灰白色，或严重充血而呈紫黑色。胆汁浓而呈墨绿色。肠、胃内无食物，仅有少量黏液，时有肠段套进胃中的现象。

（二）防治措施

由于本病传染性极强，病程短，故应以预防为主，具体方法可参考红腿病，发病后要及时治疗。

（1）发病池水用浓度为0.3毫克/升三氯异氰尿酸消毒，食台及陆地用浓度为10毫克/升的三氯异氰尿酸喷雾消毒。同时每千克蛙用红霉素50克拌料投喂，每天1次，连喂5天，或用强力霉素30毫克，连喂5～7天。

（2）及时捞出病蛙，集中在一个池内或缸内，每100千克水中加入500万单位抗生素（丁胺卡那霉素、庆大霉素任选一种）浸泡病蛙30分钟。病情严重者可注射上述抗生素中的任一种，剂量为4万～5万单位/千克体重，每天1次，直至痊愈。与此同时，池水用浓度为0.3～0.4毫克/升强氯精全池遍洒消毒。

牛蛙肿腿病

关键技术

诊断：本病表现腿部水肿呈瘤状。

防治：定期消毒，防止细菌感染是预防本病的关键。治疗宜抗菌消肿。

（一）诊断要点

1.流行特点　种蛙多发，常在从外地引种入池后几天内发病。蛙在越冬苏醒后易发病，该病有一定的传染性。

2.症状　病蛙后肢腿部肿大，整个足部包括趾和蹼都肿成瘤状，呈灰色。病蛙不摄食，身体消瘦，最后死亡。

（二）防治措施

（1）蛙入池前用浓度1毫克/升的金霉素溶液浸浴10分钟；蛙池定期用浓度为0.2～0.3毫克/升的含氯消毒剂全池泼洒。

（2）病蛙用30毫克/升高锰酸钾溶液浸泡15分钟，同时口服四环素片（0.125克/片），每次半片/只，每天2次，连喂2天。或注射庆大霉素4万单位，第二天重复1次。

（3）病蛙注射青霉素20万单位/次，每天2次，连用3天。

牛蛙白内障病

关键技术

诊断：病蛙表现白膜覆盖眼球，眼睛失明，双腿变绿。解剖见肝肿大，呈紫红色，胆严重肿大，呈淡绿色。

防治：定期消毒，并在饲料中添加维生素是预防本病的关键。治疗宜抗菌消毒。

（一）诊断要点

1.流行特点 该病危害变态后的蛙的各个阶段，具有传染性，一年四季都可发生，但冬季较少，由于瞎眼、不食，故死亡率高。

2.症状 病初蛙出现挣扎游动、在水面转圈、头歪向一侧等现象。蛙眼最初有一层薄而不完整的白膜，随病情发展，白膜增厚增大，覆盖整个眼球，蛙眼失明，但眼球水晶体完好。双腿外观呈浅绿色，剪开双腿皮肤，可见肌肉也呈黄绿色。内脏解剖可见：肝肿大，呈紫红色或紫黑色，胆严重肿大，呈淡绿色。

（二）防治措施

用生石灰彻底清塘；或用浓度为0.3毫克/升的含氯消毒剂遍洒全池；或用浓度为2～3毫克/升的漂白粉遍洒全池。

牛蛙水霉病

关键技术

诊断： 本病表现为体表出现菌丝，食欲废绝，最后消瘦而死。

防治： 定期消毒，防止外伤是预防本病的关键。治疗宜消毒杀菌。

（一）诊断要点

1.流行特点 该病对蛙卵、蝌蚪、幼蛙、成蛙均可致病，但主要危害蝌蚪。多发生于春秋两季，水温20～25℃时易发，可使蝌蚪大批死亡。

2.症状 蛙卵患病时，肉眼可见卵块四周长出灰白色菌丝，从而影响卵的孵化率和成活率。蝌蚪、幼蛙、成蛙多在身体受伤的基础上继发，蝌蚪主要在尾部，幼蛙和成蛙主要在四肢长有絮状浅白色菌丝，寄生处伤口红肿、发炎。患病后，游动迟缓，焦躁不安，食欲减退，最后消瘦而死。

（二）防治措施

（1）蝌蚪入池前用浓度为20～30毫克/升的食盐溶液浸浴15～20分钟。

（2）防止蝌蚪、蛙机械损伤，伤口用1%高锰酸钾涂抹。

（3）用浓度为5毫克/升的高锰酸钾浸洗病蝌蚪、蛙或蛙卵15～20分钟。

牛蛙气泡病

关键技术

诊断：本病表现为病蛙或蝌蚪体表附有气泡，胃肠道内充满气泡，腹部膨胀，身体失去平衡，浮于水面。

防治：保持水质清新，定期消毒是预防本病的关键。治疗宜消毒健胃。

（一）诊断要点

1.病因 养殖池底有机质含量过高，在高温季节发酵冒泡，蝌蚪或蛙误食，或气泡附着在体表，使之在水中不能平衡。

2.症状 体表或肠道中有许多小气泡，腹部膨胀身体失去平衡而浮于水面。由于游动不便，不能摄食，终至死亡。蛙、蝌蚪均可发生，以蝌蚪为严重，尤其是变态期的蝌蚪可出现较高的死亡率。

（二）防治措施

（1）定期换水，保持水质清新，定期用浓度为20毫克/升的生石灰对水体进行消毒。

（2）发现本病后，可换水或加注新水并用4毫克/升的食盐溶液全池遍洒。

（3）病情严重时，可将患病蝌蚪捞出，放在20%硫酸镁溶液中浸浴10分钟放回原池，或向水中撒入沸石粉，使池水浓度呈50毫克/升。

牛蛙弯体病

关键技术

诊断：本病表现为身体弯曲、变形，呈“S”状。

防治：保持水质清新，提供全价饲料是预防本病的关键。治疗宜调整水质，补充维生素和钙质。

（一）诊断要点

1.病因 弯曲病又称“畸形病”，由于近亲繁殖、某些重金属盐类过量或缺乏矿物质和维生素等引起蛙体畸形。

2.症状 表现为身体弯曲、变形，呈“S”状。严重时，导致蛙身体消瘦、生长停止或死亡。

（二）防治措施

（1）种蛙（亲蛙）经常提纯复壮，减少近亲繁殖。

（2）饲料中添加适量的复合维生素和骨粉，同时更换水。

牛蛙锚头鱼蚤病

关键技术

诊断： 在病蝌蚪的体外可见锚头蚤虫体，寄生部位肌肉组织发炎、红肿、溃烂，蝌蚪逐渐死亡。

防治： 定期消毒是预防本病的关键。治疗宜用药物驱杀虫体。

（一）诊断要点

1.流行特点 该病主要危害蝌蚪，发病季节为春夏季。

2.症状 患病蝌蚪游动时而缓慢，时而急躁，绕池边游动。观察蝌蚪体表，尤其是胴体与尾交界处略微凹陷的部分有虫体。虫体头部深深钻入蝌蚪组织中，留在寄主体外部分占虫体全长2/3到3/5，有时附有一些藻类及钟形虫类。蝌蚪被寄生部位的肌肉组织发炎、红肿，严重时发生溃烂。蝌蚪体上若寄生3～4只锚头鱼蚤，可很快引起死亡，寄生1～2只虫体时，虽不会立即死亡，但引起生长停止而逐渐消瘦死亡。如果虫体头部穿透体壁深入体腔，会迅速引起蝌蚪死亡。

（二）防治措施

（1）用90%晶体敌百虫全池泼洒，使池水浓度1.0毫克/升。

（2）用20毫克/升高锰酸钾溶液浸泡蝌蚪20分钟，每天1次，连用3～5天，并注意随时清洗鳃上的黏液。

（3）用2.5%氰戊菊酯泼洒，使池水浓度成0.05毫克/升。

牛蛙车轮虫病

关键技术

诊断：病蝌蚪表现皮肤和鳃表面呈青灰色斑，大量寄生时游泳迟钝，生长停滞，进而死亡。

防治：定期消毒是预防本病的关键。治疗宜用药物驱杀虫体。

（一）诊断要点

1.流行特点 本病主要危害蝌蚪，尤其是营养不良，发育迟缓的蝌蚪，体长5厘米以下的小蝌蚪最易发病。发病季节一般在春季，每年4～6月份春夏之交为发病高峰期，水温为20～25℃易发病。

2.症状 患病蝌蚪皮肤和鳃的表面常出现肉眼可见的青灰色斑点，尤其是尾部常发白，严重时出现烂尾。当车轮虫在蝌蚪身上大量寄生时，病蝌蚪游动迟钝，呼吸困难，漂浮于水面逐渐消瘦死亡。

（二）防治措施

用硫酸铜硫酸亚铁合剂（5：2）全池泼洒，使池水浓度成0.7～1.0毫克/升，24小时后换水，再用浓度为1毫克/升的硫酸铜硫酸亚铁合剂（5：2）全池泼洒1次。

七、蛇　　病

蛇口腔炎

关键技术

诊断： 本病主要特征为蛇颊部和两颌有肿痛现象，吞咽困难，严重者口腔流出脓性分泌物。

防治： 防止蛇口腔外伤及冬眠时蛇窝温度偏高是预防本病的关键。治疗宜抗菌消炎。

口腔炎是蛇类易患的一种疾病，尤其是冬眠之后易患。

（一）诊断要点

1.病因　挤蛇毒时口腔受伤，或捕蛇时粗暴地刮过毒牙，蛇均易患此种疾病。经冬眠后体质虚弱的蛇或冬眠时蛇窝的温度较高，此病的发病率也高。

2.症状　从外表看，病蛇两颌肿胀，头部昂起，口常呈张开状，难以进食。打开口腔可见溃烂和有脓性分泌物。

（二）防治措施

1.预防　搞好蛇窝的垫土卫生。蛇窝应透风，降低温度。若蛇已结束冬眠，宜将蛇移于日光下进行日光浴，每天3小时左右。取毒时，捉头部挤压毒囊忌用力过重。

2.治疗　用棉球蘸取0.1%高锰酸钾溶液，轻轻擦洗口腔，去除坏死组织，然后用下述药物或口服或敷或涂1～2次，直至口腔内再无脓性分泌物为止。

（1）龙胆紫药水（俗名紫药水）。

（2）冰硼散。

（3）锡类散。

蛇霉斑病

关键技术

诊断：蛇的腹部鳞片上产生块状或点状黑色霉斑，并蔓延全身，后期局部溃烂。

防治：搞好环境卫生，防止窝内潮湿是预防本病的关键。治疗宜抗菌消炎。

（一）诊断要点

1.病因　该病因蛇窝过于潮湿，蛇受霉菌感染所致，故多发生于梅雨季节。

2.症状　蛇腹部鳞片上产生块状或点状的黑色霉斑，有的甚至向背部延伸波及全身，最后引起溃烂，严重者数天内死亡。

（二）防治措施

1.预防　保持蛇窝干燥通风，避免潮湿是预防本病的关键。如可在窝内铺草木灰、方砖或放入木炭吸潮。

2.治疗

（1）用2%碘酊（俗名碘酒）涂于患处，每天1～2次，7～10天可望痊愈。

（2）用1克制霉菌素粉溶于5毫升注射水中，涂擦患部宜至愈。

（3）用1%硫酸铜溶液浸洗患部，彻底清除病灶上的分泌物和坏死组织，然后涂擦达克宁软膏，每日1次。

（4）用0.5%高锰酸钾溶液清洗患肤，去除炎性分泌物和坏死组织，然后用皮炎平软膏涂擦患部，每日1次，内服维生素AD 1～2粒和复合维生素B_2片，每日1次。

蛇急性肺炎

关键技术

诊断：病蛇盘游不安，张口呼吸，震颤，或头时高时低，最后呼吸衰竭而死。

防治：加强饲养管理是预防本病的关键。治疗宜抗菌消炎。

（一）诊断要点

1.病因 冬眠期窝内湿度过高，温度变化幅度大而空气混浊；或是盛暑窝内过于闷热。卫生条件差的蛇场，易发生此病。

2.症状 病蛇常逗留窝外，呼吸困难，不思饮食，时时张口不闭，病蛇中身体本来衰弱的若治疗不及时，可发生大批死亡。此病早期可由感冒引起，最终死于呼吸衰竭。

（二）防治措施

1.预防 此病防重于治，这点应特别予以强调。若天气闷热而空气混浊，应加强通风，保持凉爽。可先将蛇窝中的蛇捉出，用漂白粉澄清液（早一天配好加盖，第二天取其上层清液）喷洒蛇窝，待干后再将蛇放回。蛇窝要防止潮湿。若天气突变，应采取相应措施，如寒潮将到时，做好挡风保暖工作。

2.治疗 此病若治疗得法而又及时，病蛇在3～4天内可望转危为安。但病重者多难奏效。

（1）注射针剂：可皮下注射或肌肉注射。取与蛇体略平行的角度，从鳞片之间略倾斜将药注于蛇的皮下部位，或注于其背部肌肉中。一般用药剂量成蛇可掌握在人体剂量的1/4～1/5。针剂有多种，如庆大霉素、复方黄连素、青霉素、链霉素等。

（2）口服药物：口服的药，若为药片，可以将药片塞入蛇口后，用水送服，同时自头往后抚其腹而使药片顺序而下；若为可溶性药粉，则溶于水后以钝头的空心管子灌入。可用的药如：红霉素药片0.2克，每日3次。

蛇鞭节舌虫病

关键技术

诊断：病蛇常伸直身子逗留窝外，或是张口呼吸，最终导致死亡。剖检可见其肺部及气管上充塞着寄生虫，有的虫还会通过喉头爬到口腔，或是塞住内鼻孔。

防治：搞好环境卫生，定期驱虫是预防本病的关键。治疗宜驱杀虫体。

鞭节舌虫又称“乳头虫”，属节肢动物门舌虫纲，在五步蛇体内发现较多。此种寄生虫的个体有大小两个类型，这和性别有关，雌虫长约5厘米，雄虫长约2厘米，外形粗，形如老蚕。

（一）诊断要点

1.感染途径　蛇吃了寄生有此虫幼虫的蛙、鸟、鼠后，幼虫就转移到蛇体内，然后由蛇的食道进入气管，再进入肺部，或者是穿破消化道壁进入肺部，在肺内就由幼虫长为成虫。

2.症状　病蛇常伸直身子逗留窝外，或是张口呼吸，最终导致死亡。剖开病蛇肚子，可见其肺部及气管上充塞着寄生虫，有的虫还会通过喉头爬到口腔，或是塞住内鼻孔。正因此虫寄生部位大多涉及呼吸系统，所以病蛇最后大多死于窒息。

（二）防治措施

用精制兽用敌百虫溶液灌入胃，用药量按蛇的体重计算，每千克蛇约用药0.01克，连续灌喂3天。敌百虫若配后久置，就会失效，所以每次应现用现配。配法为：根据拟用药的蛇的总体重，算出应用的敌百虫的重量，将固体敌百虫研碎后放入耐热的玻璃容器中，加入适量的水后，置于热水中慢慢加热，并且不断用玻璃棒搅拌（不能用手指搅拌），待敌百虫全部溶解后加足到拟用的水量搅匀即可。

蛇脓肿病

关键技术

诊断： 病蛇伤口处肿胀以致溃烂。

防治： 尽量减少外伤，对伤口及时处理，防止感染是预防本病的关键。治疗宜抗菌消炎。

（一）诊断要点

1.病因 蛇的脓肿病是由于蛇体创伤受细菌感染所致。如蛇类彼此之间相互咬斗而出现的伤口；在运输的过程中，蛇被蛇笼挂伤、擦伤等。若这些伤口未能及时处理，致使感染细菌，就会导致脓肿病的发生。

2.症状 蛇患脓肿病后，伤口处肿胀以致溃烂。当脓肿与溃烂扩大到一定程度使蛇蜕不下皮时，也会造成蛇的死亡。

（二）防治措施

1.预防 尽量减少外伤，对伤口及时处理，防止感染可减少本病的发生。

2.治疗 在出现伤口时，用紫药水或1% ~2%碘酊涂抹于患处，每天2~3次，至伤口愈合为止。一般治疗5~10天，便可痊愈。

八、特种昆虫疾病

蝎子黑斑病

关键技术

诊断：本病的主要特征为病蝎前腹部背板、腹板有黄褐色或红褐色点状霉斑，并逐渐向四周扩散，隆起长毛。病死蝎子体内充满绿色雾状菌丝体集结而成的菌块。

防治：调整和稳定湿度，保持室内空气流通是预防本病的关键。治疗宜杀菌除湿。

黑斑病又叫绿霉病、绿僵菌病、斑霉病等，是有几丁质体表动物易发生的传染病，蝎子多发生于夏末秋初的高温潮湿季节。

（一）诊断要点

1.病因　蝎子的生活环境高温潮湿，从而引起霉菌大量繁殖，是发生本病的主要原因。

2.症状　病蝎表现步足不能紧缩，后腹不能蜷曲，全身瘫软，行动呆滞，病蝎前腹部背板、腹板有黄褐色或红褐色点状霉斑，大小不一，有些霉斑向四周扩散，隆起长毛。病死蝎子体内充满绿色雾状菌丝体集结而成的菌块。本病传播速度较快，且往往大面积染病。

（二）防治措施

1.预防 本病治疗较为困难，应以预防为主，在日常饲养管理中，应着重做好以下工作。

（1）饲喂蝎子的各种用具应经常性刷洗，在高温多雨季节，这些用具最好经常用对蝎子无害的消毒药品进行消毒。

（2）调整和稳定湿度，保持室内空气流通是预防本病的关键。在长时间阴雨天里，应加强房舍通风，必要时开启排风设施，使饲养舍内、外空气对流，减少霉菌繁殖的机会；经常性贮备干燥的窝泥土，当窝泥过湿时，可考虑进行部分更换，以让干土吸取湿土中的水分，达到调节其含水量的目的。

（3）细心观察，尤其在高温多雨季节，要加强蝎群的观察，发现异常个体，应及时捉出，仔细检查，一旦确定为黑斑病，要及时丢弃，并将该养殖池或蝎窝全面清理，将所有的蝎子逐个清出并仔细检查，发病个体立即杀灭，再作无菌处理后丢弃，将剩余的个体移出饲养舍进行隔离观察。对该池的砖、瓦、土坯等泼洒消毒液后，全部清除，该池中的一切用具及饲养场地应一起彻底消毒。

（4）饲养人员在操作时应注意自身的消毒。每间饲养舍门口最好设有消毒池，每间饲养舍最好配有相应的工作服、工作帽等，从一间饲养舍进入另一间饲养舍时，应洗手、消毒、更衣。

（5）注意饲料质量，尽量投喂活饵料，发病期间最好将饲料改为蚯蚓、蛙肉等非昆虫类饲料，不喂带菌饲料。能携带该种病菌的饵料动物，主要是与蝎子一样具有几丁质外壳的昆虫类等，发病期间尽量不喂这些饲料，配套养殖的这些动物饲料也应详细检查，并严格隔离，防止该病传播。

（6）在饲料中添加抗生素、葡萄糖、维生素等，以提高蝎子的抗病力。

2.治疗 本病发生时一般进行病蝎的销毁淘汰，在万不得已时才使施治疗。

（1）用1%福尔马林液或0.1%高锰酸钾液喷洒饲养室，同时将0.25克的金霉素拌于400克的饲料中投喂至痊愈。

（2）用1%福尔马林或0.1%高锰酸钾液喷洒饲养室，同时将1克长效磺胺拌于1 000克的饲料中投喂至痊愈。

（3）对于严重的病蝎可进行单独治疗：用0.25克金霉素1片，研粉，加水400克，配成0.05%～0.06%的水溶液，将病蝎后腹夹住，强制其饮水，每天2次，每天饮至不再饮为止，3～4天即可治愈。

蝎子黑腐病

关键技术

诊断：病初可见前腹部呈黑褐色，腹胀，懒动少食，继而前腹部出现黑褐色腐烂溃疡灶，手压流出污浊黑色的黏液。

防治：搞好环境卫生，加强饲养管理是预防本病的关键。治疗宜杀菌消毒。

黑腐病又称“体腐病”。

（一）诊断要点

1.病因　多因蝎子采食腐败变质的饲料或饮用污浊的饮水而引起。此外，健康蝎吃了病死蝎尸体后，也会迅速发病。

2.症状　早期病蝎前腹部发黄继而变黑褐色、胀肚，食欲减退或消失。随后前腹部逐渐出现黑褐色腐烂溃疡灶。用手轻压即有黑色腐臭液体流出。病蝎在病灶形成时即死亡。该病发病快，死亡率高。

（二）防治措施

1.预防

（1）保证饲料、饮水新鲜，坚决不喂死饵动物，更不能喂腐烂动物。

（2）经常刷洗饲料盘、饮水盘等蝎子的饮食用具可预防本病的发生。一旦发病应立即将该蝎池或蝎窝进行全面翻开清理，将藏于蝎窝中的病、死蝎全部清出，销毁淘汰，并同时全面消毒。

2.治疗　本病在早期尚可使用药物治疗，疗效也显著。但病蝎出现停食，活动减少时，即无特效疗法。病初可采用以下方法治疗：

（1）清除死蝎及污染的土块后，用2%福尔马林液喷洒消毒饲养池，同时用红霉素0.5克、食母生1克分别拌入糖类食物500克中，交替饲喂至愈。

（2）长效磺胺0.5克（或土霉素0.5克）、大黄苏打片2.5克拌入糖类食物500克，饲喂至愈。

（3）用10万单位青霉素钠盐溶于20毫升水中，夹着蝎子的后腹部强行饮用，每天2次，连喂3天。对于同群的蝎子，则可将上述药水加入清水中喂服。或按比例配成药水，用喷雾器喷洒蝎体，喷湿为止，可起预防作用。

蝎子腹胀病

关键技术

诊断： 病蝎停食，肚皮发黑，腹部隆起，消化不良。

防治： 防止蝎子受凉而引起的消化不良是预防本病的关键。治疗宜帮助消化，预防感染。

腹胀病又叫“大肚子病”。

（一）诊断要点

1.病因 在春季及秋末冬初气温陡升陡降的季节，由于有一段较长时间的高温，使蝎子大量摄食，如此时突然大风降温或连续几天低温降雨，常造成蝎子消化不良而引发腹胀病；饵料投喂量掌握不好，偶尔投料过少，造成有些蝎子过度饥饿后，次日投喂量又猛增，致使这些饥饿的蝎子摄食过多，易造成消化不良；摄食了环境中遗留的霉变饲料，这种情况引起的病变比较严重，不仅引起消化不良，还会引起急性炎症。

2.症状 病蝎肚大筋青，腹部隆起，活动迟缓或趴着不动。继而出现腹泻，粪便稀，并带有气泡，食欲废绝。雌蝎一旦发病即造成体内幼蝎发育停止，流产或产死胎。一般在发病10～15天后开始死亡。

（二）防治措施

1.预防 在气温暴升陡降的季节，气温陡降的时候，应关闭门窗，必要时适当开启升温设施，以保证室内温度在20℃以上；根据气温的变化控制饲料投喂量，在气温变化剧烈的季节要多听天气预报，多掌握天气变化信息。

2.治疗 发病后除及时调节温度外，可参考下列药方：

（1）长效磺胺0.5克，多酶片1克拌于500克饲料中，饲喂至愈。

（2）黄连粉2克，多酶片1克，全脂奶粉5克，溶于100毫升温开水中，拌匀后，用海绵吸收，让蝎子吸吮，每天1次，连喂3天，注意海绵应每天更换，这种治疗方法主要针对幼蝎。

（3）大黄苏打片3克，复合维生素B溶液50毫升，拌入200克番茄、苹果中喂蝎，同时停喂动物性饲料，连续3～5天。

蝎子消枯病

关键技术

诊断： 病初尾梢枯黄、萎缩，最后尾根枯萎。

防治： 注意调节饲料的含水量和活动场地的湿度，防止蝎子机体失水是预防本病的关键。治疗宜补充体液。

消枯病又称“枯尾病”或“青枯病”。

（一）诊断要点

1.病因 蝎房内空气及养殖床长时期过于干燥，蝎窝内土壤或坯块、砖、瓦栖息床的湿度长期低于5%，又加之饲料含水量偏低，饮水供给不足等，引起蝎子慢性脱水。另外蝎子吃食不均，有时饥饿过度，有时又暴食暴饮，也会造成此症。

2.症状 消枯病常年可见。病初，在蝎子的后腹末端，呈黄色、干枯、萎缩现象，并逐步向前扩展，直至整个后腹部都枯萎。此时，病蝎开始死亡。发病初期，由于相互争夺水分，互相残杀严重。

（二）防治措施

在气候干燥季节，注意调节饲料含水量和活动场地的湿度，适当增添供水器具，防止蝎体慢性脱水。一旦发病可采取下列措施：

（1）用酵母片3片，土霉素1～2片，研磨成粉，混合成水溶液，强迫蝎子饮用，每天饮2次，3～5天即可痊愈。

（2）每隔2天补喂1次西红柿或西瓜皮，每次15～20克。同时应增加蝎窝土壤或栖息床的湿度，向干燥地面洒水，使其湿度达到正常范围。

蜈蚣黑斑病

关键技术

诊断：本病表现为关节皮膜上出现黑色或绿色小点并浸润扩大，临死前体表出现白色菌。解剖后轻挤虫体，有绿色菌丝状物出现。

防治：预防本病的关键是严禁用发霉变质饲料饲喂，或饮用不洁水，或吃食绿霉病致死的蜈蚣。治疗宜杀菌。

该病是蜈蚣在人工养殖条件最常见疾病。常发生于春夏季节，尤以夏季发生最多。往往造成当年幼小蜈蚣大批死亡，成年蜈蚣有时也会感染。

（一）诊断要点

1.病因　发病原因多为饲料发霉变质，或饮用了不洁净的饮水，或饲养地湿度较大，或健康的蜈蚣吃食黑斑病致死的蜈蚣等，都能引起该病的发生。

2.症状　早期患病蜈蚣在关节皮膜上出现黑绿色斑点，随着斑点逐渐扩大，蜈蚣整体失去原有的光泽，食欲减退，活动失调，爬行缓慢，全身肿胀，不久将出现灰绿色孢子而死在瓦片上。解剖后轻挤虫体，有绿色菌丝状物出现。

（二）防治措施

1.预防　保持饲料的清洁卫生和新鲜。经常刷洗料槽和水槽，掌握室内相对湿度和饲养上的密度，即可预防本病的发生。若发现饲养池中有病蜈蚣，应立即将患病个体清理出来，置于干燥处饲养，让其自愈或淘汰。把饲养池内的饲养土和瓦片清出，放在太阳光下暴晒，池内用3%福尔马林或3%来苏尔喷洒消毒，待其池内干燥、药味散尽后，方能再放入蜈蚣饲养。同时把食槽、水槽也进行刷洗消毒。

2.治疗 捡出的病蜈蚣应单独饲养，并在其身上喷洒1：3 000的硫酸铜溶液。药物治疗可用食母生0.6克、土霉素0.25克，拌入400克的饲料中连续饲喂直到痊愈。

蜈蚣消化道疾病

关键技术

诊断： 发病蜈蚣呈紫红，行动缓慢，肚大腹胀，毒钩全张。

防治： 严禁饲喂发霉变质饲料及防止低温是预防本病的关键。治疗宜帮助消化，预防感染。

该病是蜈蚣在人工养殖条件下主要疾病之一，秋季阴雨连绵、低温时期易发。

（一）诊断要点

1.病因 秋后阴雨连绵、低温易导致发病；饲喂发霉变质饲料造成消化道病变引起消化不良。

2.症状 发病蜈蚣早期呈紫红色，行动缓慢，肚大腹胀，毒钩全张，不食不饮，身体瘦弱。一般在发病5～7天后死在瓦片下面。解剖后发现蜈蚣腹内有少量淡黄色粉状物。

（二）防治措施

1.在秋后阴雨、低温季节，应在池内加设灯泡，一方面增加温度，另一方面降低湿度。一般每10米^{2}面积设4个15瓦的灯泡，或在晴天的中午晒池。同时保持饲料新鲜和饮水清洁，可防止本病发生。一旦发现本病，除及时调节温度、湿度外，还要采取如下措施。

（1）清除病原：将饲养池中的死蜈蚣捡出，对病蜈蚣隔离治疗。病情严重时，将饲养池中的瓦片彻底清理出来，用3%的福尔马林或0.2%的高锰酸钾溶液喷洒瓦片，晒后再重新放入饲养池。

（2）药物治疗：用磺胺嘧啶0.5克，饲料300克；酵母片0.6克、土霉素0.4克，饲料200克；分别拌匀，交叉使用，直到病愈。在治疗过程中应适当提高温度。

蚕体腔型脓病

关键技术

诊断：蚕在发病初期，由于发育阶段不同，外部病症差别较大，但发病后期，常表现出典型症状：皮肤易破，在爬行过的地方，往往留下白色脓汁的痕迹；体表乳白，血液呈混浊的乳白色。

防治：认真消毒，消灭病原体，切断传播途径是预防本病的关键，此外添加中草药对预防本病有一定效果。治疗宜加强卫生消毒，消灭传染源，防止继发感染。

蚕体腔型脓病又称“血液型脓病”、“核型多角体病”，是病毒引起的一种传染病。该病毒在病蚕体内有两种状态，即多角体态和游离态。

（一）诊断要点

1.流行特点　病蚕及其流出的脓汁是主要的传染源。病原体侵入途径有食下传染和创伤传染两种。养蚕生产中，以食下传染为主，在人工接种情况下，创伤传染的发病率较高。潜伏期的长短，发病率的高低，因蚕龄及发育阶段而有差别，不同发育阶段，以蚁蚕最易感染；同一龄期中以起蚕最易感染。各地蚕区各饲养季节都有发生，一般以春蚕期和晚秋蚕期发生较多。

2.症状　发病初期，由于发育阶段不同，外部病症颇有差别，但发病后期都表现出典型的症状。体色乳白，血液呈混浊的乳白色，显微镜检查有大量的多角体；行动狂躁，常爬行于蚕座四周；皮肤易破，在爬行过的地方，往往留下白色脓汁的痕迹。常见的病症有不眠蚕、起缩蚕、高节蚕、脓蚕、黑斑蚕等几种。

（1）不眠蚕：蚁蚕或起蚕感染病毒后，到眠前发病。表现为皮肤紧张而光亮，体型正常，不能入眠，在展蚕座中徘徊，体色渐变乳白，食欲减退以致不食桑，最后皮肤肿胀破裂，流出乳白色脓汁溃烂而死。

（2）起缩蚕：起蚕发病，皮肤松软多皱，体躯缩小，体色不清而带黄色，极像细菌性胃肠病病蚕。腹面乳白，病势发展后，皮破脓流，仍徘徊爬行于蚕座内，经1天左右才能死亡。

（3）高节蚕：在4龄或5龄食桑1～2天后发病，皮肤宽松，各环节与环节之间的节间膜发生环状肿胀突出呈竹节状，全身呈乳白色，特别是腹脚部分更为明显。食欲减退，喜爬于蚕座及蚕匾边缘，最后皮破流出脓汁，跌落地上，或徘徊蚕座上而死。

（4）脓蚕：主要是在5龄后期、上蔟之前发病，环节中央肿起，形成算盘珠状突起，体色乳白，行动困难，皮肤易破，泄脓而死。

（5）黑斑蚕：较少见，大都发生在4～5龄，有的腹脚变成黑褐色的焦脚蚕；有的以气门为中心，周围出现黑褐色的圆形病斑，往往左右对称，称黑气门蚕。蚕蛹患病后，体皮暗黄色，极易破裂，流出脓汁，随即死亡，尸体极快腐烂，产生恶臭。

（二）防治措施

预防本病应采取综合性措施：认真消毒，消灭病原体，切断传播途径。认真做好蚕室、贮桑室、上蔟室、大小蚕具和蚕室四周的消毒工作，做到配药准确，药量喷足，全面喷到；严格分批提青、隔离或淘汰弱小病蚕，防止蚕座混育传染；采用新鲜石灰粉或防病一号等蚕座消毒药剂，进行蚕座蚕体消毒，减少蚕座内相互传染的机会；发现病蚕，立即拣出，投入石灰消毒缸中。

严格禁止用病蚕或发病蚕的蚕沙喂养家禽、家畜，防止病原体扩散；蚕沙要认真处理，制成堆肥充分发酵，利用生物热杀灭病原体。不经堆沤的蚕沙，不能直接施于桑田或农田，更不要在蚕室或桑园附近扬晒蚕沙，防止病原体散播。

加强饲养管理增强蚕体抗病力。选育推广抗病性强的蚕品种；创造适宜蚕体生长发育的条件，特别要注意防止夏秋蚕期高温闷热的侵袭，保持蚕室有适宜的温、湿度，空气新鲜，蚕座清洁；加强桑园培肥管理，提高桑叶质量。特别是稚蚕期桑叶质量的优劣，对蚕体质影响极大。根据各龄起蚕的抗病力最弱这一生理特点，加强眠起处理；添食对于预防病毒病有一定的效果。用大蒜、苍术、苦参、黄柏各15克，白癣皮12克水煮30分钟后，去掉药渣，用药液喷施桑叶上，喂蚕，可收到较好效果。

蚕细菌性败血病

关键技术

诊断： 本病主要表现减食或停食，胸部膨大，排软粪或污液，衰弱，陆续或突然死亡。

防治： 搞好环境卫生，减少外伤是预防本病的关键。治疗宜抗菌消毒。

（一）诊断要点

1.流行特点 本病无特定的病原菌，在自然界中，许多细菌用人工接种方法接种于蚕体，都能引起败血病的发生，但发病快慢、传染力高低，因细菌种类不同而异，一般杆菌快，球菌慢。败血病的病原在养蚕环境中和蚕的肠道内都普遍存在。主要是创伤感染引起发病。蚕座过密、饲养管理不善和操作粗暴均会增加蚕体的创伤，特别是受伤半小时内的新伤口，细菌更易进入。感染后发病时间的长短，与侵入的菌类、数量和蚕的饲育温度有密切关系。大体说来，在26℃中，蚕经灵菌感染后约12小时，猝倒菌感染后约16小时死亡。

2.症状

（1）蚕期：先是躯体挺伸，停止食桑和运动，接着胸部渐渐紧张膨大，胸脚僵直，腹脚后倾，头尾稍有翘起，全身肌肉紧张，腹部环节紧缩而中央稍稍鼓起，背脉管跳动，起初加速，而后渐渐减弱以致完全停止，伴有软粪或连珠粪排出；临死时吐出污液。死后几小时后尸体逐渐软化。因寄生菌类的不同，有的前半身变黑色，称黑胸败血病；有的在临死前胸部背面出现透明绿色病斑，病斑中常有气泡存在，称青头病；有的皮肤出现斑点，称斑点败血病；也有的尸体全身逐渐变红色或黄绿色，体形扁瘪，体内组织器官解离液化，皮肉组织全部腐烂，只剩下几丁质外皮，如稍经振动，就皮破而流出臭液。

（2）蛹期：常见的有两种，一是黑色死蛹，全身变黑，迅速液化扁瘪，不能拾起，稍经振动，皮破流出黑臭污液，这是由大杆菌寄生引起的。另一种死蛹是背脉管先开始变深而至黑褐色，然后延及全身，从感染到发病时间较长，尸体并不很快腐烂，病蛹大部分是感染球菌而引起的。

（3）蛾期：病蚕蛾表现腹部扁瘪，活动力极差，触角和两翅不振动，死后腹部先行腐烂，环节间膜处先透露出灰黑色或红色，继而腹部完全腐烂，变成黑水一滩，但头胸部和两翅仍是完整的。病蛾很少产卵，或不产卵。

（二）防治措施

养蚕前认真清洗和消毒，杀灭残存细菌。饲养中要搞好环境卫生，减少蚕体创伤。5龄后期，要特别注意防止感染，发现病蚕及时捡出，不使烂蚕污液接触健康蚕皮肤。手指接触过烂死蚕后，必须用0.3%有效氯漂白粉液洗手消毒。蚕期发现败血病，可用125毫克/升盐酸环丙沙星药液喷洒桑叶后喂蚕，每8小时添食1次，连续3次，以后每天1次；或用0.3%有效氯漂白粉溶液，喷洒桑叶正反面后喂蚕。污染严重的桑叶，浸洗3分钟后用清水冲洗晾干喂蚕，可有效地控制败血病的蔓延。及时除去蔟中死蚕，凡接触过烂茧或被死蚕污染过的手或用具都要用0.3%有效氯漂白粉液洗涤消毒或用2%甲醛液洗涤消毒。

蚕多化性蝇蛆病

关键技术

诊断：本病的特征为病蚕在寄生部位出现一个黑色病斑，随蛆体增长而增大。病斑大多呈喇叭状，周围体壁呈现油迹状透明。解剖病斑体壁，必有一条小蝇蛆寄生。

防治：杀灭蝇蛆。

本病是多化性蚕蛆蝇寄生在蚕体而引起蚕死亡的一种蚕病，在养蚕业上是一种主要病害，尤其是南方诸蚕区危害较为严重，北方蚕区损失较小。

（一）诊断要点

1.流行特点　多化性蚕蛆蝇，一生经过卵、幼虫、蛹和成虫四个变态发育阶段。寄生环境适宜，气温高，一年内完成世代数多；气温低，一年内完成世代数少。成虫将蝇卵产在蚕体上，在25℃的环境下经36～48小时蝇卵孵化成幼蛆，钻入蚕体内寄生。进入蚕体内的幼蛆，经数小时后，由于蚕体组织防御机能的反应，血球堆积和体表组织增生，形成一个鞘套，包住幼蛆，蛆的气门紧贴在皮肤上，吸取体外空气。随着幼蛆的成长，蚕体上的病斑也渐渐扩大。

2.症状　蚕体被蝇蛆寄生后，在寄生部位出现一个黑色病斑，上面常有淡黄色蝇卵的壳黏着。随着寄生在蚕体内的幼蛆成长，病斑逐渐扩大。在病斑周围，有油迹状轮廓，并常在出现病斑的环节上发生肿胀扭曲，寄生多的一头蚕上常有数个蝇蛆。三龄或四龄被寄生的蚕，往往在大眠中不能脱皮而死，死蚕呈黑褐色。五龄被寄生的蚕，大部分不能上蔟结茧。即使是五龄后期被寄生，虽能结茧或化蛹，但不能化蛾，都在化蛾前死亡。蛆咬破茧层而成蛆孔茧。上蔟时常见的紫色蚕，也是蝇蛆病的一种症状表现。

（二）防治措施

灭蚕蝇乳剂1毫升或灭蚕蝇药片1片（先充分捣碎），加水500毫升，然后均匀喷洒在5千克桑叶上，带湿喂蚕，一次吃完，下回给普通桑。使用时期，4龄第2天或4龄第3天用1次；5龄第2天、第4天、第6天或见熟时各用1次。一般每张蚕种用灭蚕蝇乳剂9毫升或片剂9片。灭蚕蝇乳剂1毫升或片剂1片（先充分捣碎），加清水300毫升稀释，待蚕座内桑叶吃光蚕体全部暴露时，在给桑之前半小时，将稀释药液均匀喷于蚕体，以润湿为标准。

值得注意的是灭蚕蝇药物在碱性溶液中易分解，故施用前后6小时内，不宜在蚕座上撒施石灰。

蜜蜂囊状幼虫病

关键技术

诊断：本病的主要特征为侵害2～3日龄蜜蜂幼虫，表现头部上翘，白色，无臭味，末端有一小囊，里面充满颗粒状水液，一般在封盖之后死亡，尸体由白色变成浅黄色至黑褐色。

防治：应以预防为主。

蜜蜂囊状幼虫病又称“囊状蜂子”或“囊雏病”。意蜂对本病抵抗力较强，中蜂抵抗力差，经感染后容易蔓延，蜂群主要是1～2日龄幼虫易感染。

（一）诊断要点

1.流行特点　一般在春末夏初发病较重，我国南方多流行于4～5月龄，北方5～6月龄。患病幼虫渐减，强群可自愈，但到秋天或翌年夏天复发。

2.症状　潜伏期为5～6天，被感染的幼虫一般在6～7日龄大量死亡。被感染的子脾刚封盖的巢房又被重新打开，起初病虫和健康幼虫相似，随着病情的发展，幼虫的头部离开巢房壁而弯曲，形成“局状幼虫”，体躯四周皮下有渗出液，幼虫组织逐渐变成水状液体，幼虫体色由苍白色转变成褐色，最后尸体表皮变得干固，用镊子夹出时，呈“囊袋状”。

（二）防治措施

目前尚无特效药物治疗，应采取综合防治措施进行预防。首先选育抗病品种，加强饲养管理。选择抗病力强的蜂群，培育蜂王以替代病群蜂王，在育王期间将雄蜂驱杀，效果更好。早春气温较低，应加强保温。将弱群合并，缩小蜂巢。对于患病蜂群，通过换王或囚禁蜂王的办法来断子清巢，减少来源。注重保护蜜粉源环境，了解周围蜂群健康状况，尽量避免与病群接触或同地放蜂。保证蜂群有充足的饲料，必要时人工补助蛋白质及维生素饲料。其次可采用药物防治，以下几种方法可任选其一。

（1）千金藤（海南金不换）或金钱吊乌龟10克，多种维生素10片，喷喂10框蜂。

（2）将50克半枝莲加500毫升水，煮沸30分钟以上，去渣，浓缩药液至400毫升，加入400克糖或蜂蜜，喂10框蜂。

（3）半枝莲30克、甘草6克、虎杖15克、贯众30克；或金银花30克、甘草6克；或王加皮30克、金银花15克、桂枝9克、甘草6克，加入适量水，煎煮后取滤液，加等量的白糖，配成糖浆，饲喂10～15框蜂。

（4）"抗病毒862" 4克，加入50%糖水2 000毫升，喷喂40框蜂，每3天1次，连续5次为一疗程，一般治疗2个疗程。